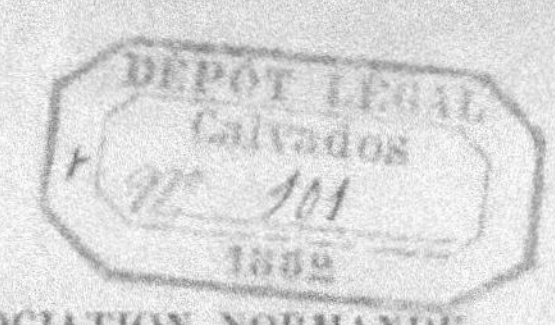

ASSOCIATION NORMANDE

POUR LES PROGRÈS DE L'AGRICULTURE ET DE L'INDUSTRIE.

SESSION DE 1861,

TENUE

A L'AIGLE (ORNE),

LES 18, 19, 20 ET 21 JUILLET 1861.

Extrait de l'Annuaire de l'Association normande pour 1862.

CAEN,

CHEZ A. HARDEL, IMPRIMEUR-LIBRAIRE,
RUE FROIDE, 2.

1861.

Le Congrès de l'Association normande a eu lieu cette année, à L'Aigle, et s'est ouvert le 18 juillet.

L'Administration municipale avait préparé, à cette occasion, une exposition très-remarquable des produits de l'industrie du pays. Des fêtes splendides avaient été annoncées ; M. Mazier, maire de L'Aigle, qui avait demandé pour sa ville le Congrès provincial, et M. Cécire, inspecteur du canton, avaient pris toutes les mesures nécessaires pour que les séances de la Compagnie fussent bien remplies et suivies par tous les hommes de progrès. Une commission d'inspection des fermes avait été constituée par les soins de MM. Cécire, Mazier et Gustave Massiot ; et M. Émile Pelletier, inspecteur du canton de Nocé, avait été chargé par la Commission de faire le rapport sur les exploitations les mieux tenues de la région.

L'Association avait nommé M. le Dr. Mazier, commissaire-général du concours des instruments aratoires et des produits.

M. Cécire s'était chargé des fonctions de commissaire-général pour le concours de bestiaux.

Une distribution de livres élémentaires d'agriculture avait été faite aux instituteurs de plusieurs communes, par les soins de M. Massiot, et l'enseignement élémentaire agricole avait été organisé dans un certain nombre d'écoles.

Tout avait ainsi été préparé de telle sorte que le passage de l'Association normande à L'Aigle devait laisser des souvenirs durables, et produire des résultats utiles.

Le concours empressé des populations a répondu à l'attente des organisateurs et de l'Association normande, et la session de L'Aigle, sous tous les rapports, compte parmi les meilleures qu'elle ait tenues.

Réception des membres de l'Association à L'Aigle, la veille de l'ouverture du Congrès.

Le mercredi 17 juillet, le Bureau de l'Association, après avoir passé quelques heures à Conches, où il a été rejoint par M. le comte d'Estaintot, inspecteur de l'arrondissement d'Yvetot (Seine-Inférieure), et par divers membres, est arrivé à 2 heures à Rugles. M. Cécire, inspecteur de l'Association, est venu recevoir ses confrères et leur offrir un banquet.

Le départ pour L'Aigle a eu lieu à 7 heures du soir.

La réception aux flambeaux a été féerique ; l'enthousiasme était universel : les Autorités et la population tout entière s'étaient rendues à deux kilomètres de la ville pour recevoir l'Association. Tous avaient voulu montrer combien ils étaient heureux de recevoir dans leurs murs leurs confrères de Normandie qui venaient s'instruire avec eux, constater en famille les progrès réalisés depuis dix-huit ans dans cette cité laborieuse et hospitalière, et examiner ceux qu'elle pourrait faire encore, tant en agriculture que dans l'industrie et les arts.

Le Bureau, ayant mis pied à terre, a salué M. le Maire de L'Aigle et le Conseil municipal. Le Maire a présenté immédiatement au Directeur de l'Association et aux membres du Bureau, le Tribunal de commerce, les membres de l'Association, au nombre de deux cent cinquante dans le canton de L'Aigle, les corporations ouvrières qui toutes étaient précédées de leurs bannières, les Frères de l'École chrétienne et leurs élèves, plusieurs instituteurs primaires avec des députations de diverses communes, etc.

La foule était rangée sur la route dans un ordre parfait sur une ligne immensément longue ; des torches, régulièrement espacées, éclairaient cette longue haie d'assistants. La belle Compagnie de pompiers, musique en tête, ouvrait la marche, précédée de quatre gendarmes à cheval, la carabine au poing.

Cet immense cortége, formé de 10,000 personnes environ et ayant un développement d'un kilomètre, a fait son entrée à dix heures et demie du soir. La ville était étincelante de lumière ; le canon grondait ; plus de quinze cents drapeaux tricolores pavoisaient les maisons, qui toutes étaient illuminées.

A son arrivée à l'Hôtel-de-Ville, le maire de L'Aigle, M. Mazier, a harangué l'Association normande. M. de Caumont lui a répondu, puis on s'est séparé à minuit.

Ouverture de l'Exposition. — Le lendemain, à 9 heures du matin, l'Association, musique en tête, est allée avec le Conseil municipal ouvrir l'exposition industrielle, *l'écrin industriel de la ville de L'Aigle*, comme on l'a appelée. Cette exposition avait été organisée dans la salle d'Asile, à laquelle on avait annexé deux galeries parallèles. La nef centrale et la nef droite étaient consacrées aux industries métallurgiques. Une machine à vapeur faisait mouvoir un arbre auquel s'attachaient des transmissions qui mettaient en mouvement plusieurs machines très-ingénieuses, soit pour la fabrication des aiguilles, soit pour celle des épingles, soit pour diverses autres industries du pays.

M. de Caumont, directeur de l'Association, accompagné des inspecteurs et du Bureau de la Compagnie, a félicité successivement les exposants et examiné leurs principaux produits. A 10 heures, les portes ont été ouvertes au public, impatient de parcourir cette très-intéressante exhibition, où se trouvaient si bien représentées toutes les industries de la région.

ENQUÊTE AGRICOLE.

PREMIÈRE SÉANCE DU JEUDI 18 JUILLET.

Présidence de M. DE CAUMONT, directeur de l'Association.

A 1 heure la séance est ouverte, dans une des salles de la mairie.

M. de Caumont invite à prendre place au bureau : MM. D'ESTAINTOT, inspecteur de l'arrondissement d'Yvetot; Gustave MASSIOT, inspecteur de l'arrondissement de Mortagne; HUREL-MASSON, président de la Chambre consultative des arts et manufactures de L'Aigle; CÉCIRE, inspecteur du canton de L'Aigle; DESVAUX, membre du Comice de Vendôme; DE PRÉPETIT, inspecteur du canton de Condé-sur-Noireau; LE BLANC, trésorier de l'Association.

M. DESVAUX remplit les fonctions de secrétaire.

On remarque dans la salle environ 300 membres.

Parmi les personnes qui ont assisté à cette séance et pris part aux autres travaux du Congrès, nous citerons :

MM. DE CAUMONT, directeur de l'Association normande ; le comte DE MATHAREL, préfet de l'Orne ; M. CRÉTET, auditeur au Conseil d'État, sous-préfet de Mortagne ; MAZIER, maire de L'Aigle ; MORIÈRE, secrétaire-général de l'Association ; LE BLANC, trésorier ; DE CHASOT et DAVID, députés au Corps législatif ; DE LA SICOTIÈRE, avocat à Alençon, conseiller général, inspecteur divisionnaire de l'Association pour le département de l'Orne ; DU POERIER DE PORTBAIL, inspecteur divisionnaire de l'Association normande pour le département de la Manche ; le baron LEGUAY, inspecteur de l'arrondissement d'Alençon ; Gustave MASSIOT, avocat, juge suppléant à Mortagne, inspecteur de l'arrondissement ; le comte D'ESTAINTOT, inspecteur de l'arrondissement d'Yvetot ; MABIRE, maire de Neufchâtel et inspecteur de l'arrondissement ; LE MÉTAYER-MASSELIN, inspecteur de l'arrondissement de Bernay ; CÉCIRE, propriétaire-agriculteur, à L'Aigle, inspecteur du canton de L'Aigle ; Émile PELLETIER, conseiller général, inspecteur du canton de Nocé ; JOUSSET, docteur en médecine, adjoint, suppléant du juge de paix, à Bellême, inspecteur du canton de Bellême ; PIGET, propriétaire de la verrerie de Tourouvre, inspecteur du canton de Tourouvre ; PLESSIS, notaire, inspecteur du canton de Bretteville-sur-Laize ; LÉTOT, inspecteur du canton de Caumont ; DE PRÉPETIT, inspecteur du canton de Condé-sur-Noireau ; DE CHABENCEY, ancien député, conseiller général ; PRÉTAVOINE, maire de Louviers ; DU FÉRAGE, propriétaire à Caen ; comte DU BUAT, membre correspondant de l'Association, à Château-Gontier (Mayenne) ; DE LIESVILLE, prop^{re}., à Pierrefitte (Calvados) ; JOIGNEAUX, agronome, au bois de Colombes, par Asnières (Seine) ; CHASLES, ancien député, ancien maire de Chartres ; BOUET, dessinateur, à Caen ; DESVAUX, propriétaire agronome, à Montdoubleau (Loir-et-Cher) ; DURET fils, manufacturier, à Brionne (Eure) ; LEGRAIN, avocat, à Vire ; A. BONITEAU, instituteur communal, à St.-Sulpice-sur-Rille, près L'Aigle ; TIRATAY, propriétaire-cultivateur, à L'Aigle ; NICOUR, cultivateur, à St.-Sulpice-sur-Rille ; L. COLLIN fils, négociant, à L'Aigle ; Sylla LECHEF, manufacturier, id. ; GOURNIER-BOUVRY ; Louis VARRON ; PÉPIN-GUIBÉ, négociant, à L'Aigle ; BOUCHER ; BOUVRY (Constant), cultivateur à St.-Symphorien ; Louis-René PAIZOT, propriétaire-cultivateur, maire de St.-Symphorien ; E. PRIMOIS, manufacturier, à L'Aigle ; AVENEL, maître de fonderie, id. ; LUBIN-THOREL, pharmacien, id. ; SAMSON fils ; DUTERTRE, cultivateur à la Neuve-Lyre (Eure) ; FREDEUX ; DELENTE (Jean) ; DESCLOS ; L. DANNEVILLE ; A. DUTERTRE ; GUIZIER-BESNARDIÈRES ; VAUGEOIS père, banquier, à L'Aigle ; A. VAUGEOIS, propriétaire, à Rugles ; GUILLEMONT ; GEFFROY, fondeur en cuivre, à L'Aigle ; ROUPNEL, pharmacien, id. ; V. CATTOIS ; LEROY ; BENARD-VILLETTE ; Ch. GROUET ; BENOIT (L.), docteur en droit, avocat à Rugles (Eure) ; DE BEAUCE, propriétaire, au château de Percey, à Moulicent ; HUBERT ; Ars. TURQUET, négociant, à L'Aigle ; GUERRÉE, mécanicien, id. ; JAMET ; A. BUAT aîné, négociant, à L'Aigle ; PIEDFER ; E. NUILLE ; MURCIE ; LESIEUR, marbrier, à L'Aigle ; Arist. PESTEL, fabricant de tuyaux de drainage, à Honfleur ; MUIRAIS ; LOUVIGNY, négociant, à L'Aigle ; G. BUAT ; DROUET ; PICQUET, manufacturier, à L'Aigle ; DELANOE (Charles), négociant, id. ; LECOMTE, propriétaire, id. ; PELVÉ, contrôleur des contributions directes, id. ; DES CHATEAUX, propriétaire, id. ; LHERMINIER (Théop.), manufacturier, id. ; GÉRARD-HAMEL, négociant, id.; CORÉ, ingénieur civil, à Paris; ROUSSEL, médecin, à L'Aigle; LEGRAND, négociant, id.; GERET, régisseur, à Ste.-Scolasse; GÉRARD-HAMEL fils; BARAGUEY fils; A. BOUVRY; PIQUENARD, peintre décorateur, à L'Aigle; ANFRIE et LE MOINE, manufacturiers, à L'Aigle; ANFRIE-HUREL, id., id.; BARBIER (Narcisse), fabricant de corsets, id.; BAU, notaire à Paris, propriétaire, au château de Tubœuf; BERTRAND, régisseur des usines Mouchel et Marc, à L'Aigle; BIGOT-SAMSON, banquier, id.; BIQUET, propriétaire, au château de Raveton; BISSON, adjoint au maire de Ray, près L'Aigle; BISSON, docteur-médecin, à L'Aigle; BOHIN, manufacturier, id.; BOURGEOIS, architecte, id.; BOURGET, propriétaire, id.; BOURGEOIS, propriétaire de la verrerie de la Cellerie, maire de l'Hosme-Chamondot; BOUVIER, fabricant de tuyaux de drainage, à St.-Sulpice-sur-Rille; CAGNON, vétérinaire, à L'Aigle; CALLAIS, avocat, id.; CHARTIER (Amand), agriculteur, à Surdon; CHASLINE, propriétaire, à St.-Maurice; CHAUVEL, notaire, adjoint au maire de L'Aigle; CHEMIN-MAILLARD, négociant, à L'Aigle; CHEVALIER aîné, marchand de nouveautés, id.; CHEVALIER (Gustave), fabricant de gants, id.; CHEVALIER-PELLERIN, id., id.; COLIN-LALLEMAND fils, propriétaire, id.; COLLIN-HOUSSET, secrétaire de la mairie de L'Aigle; CUBAIN, marchand drapier, à L'Aigle; DELACROIX (Henri), propriétaire, id.; DELARUE (Alexandre), marchand de nouveautés, id.; DESPRÉS-CÉCIRE, propriétaire, aux Haies, près L'Aigle; DIGUET, médecin-vétérinaire, à L'Aigle; DUMOULIN DE LA FONTENELLE, propriétaire, id.; DUMOULIN DE LA FONTENELLE, propriétaire, au château des Routis; ELARD, cultivateur, à Montmorin; FORGET, limonadier, à L'Aigle; FOUCQUERON, propriétaire, id.; FOULON, propriétaire, à Anglure, près L'Aigle; DE FOULQUES, au château du

Fonteny; FROGER-DESCHESNES, ancien notaire, à Paris,
au château de Tubœuf, près L'Aigle ; GEFFROY, banquier, à L'Aigle ; GÉRARD (Abel), propriétaire, id.;
GUÉROT, marchand de fers, id. ; HUET, propriétaire et
maire, au château de Chailloué (canton de Séez); HÉ-
RISSON, régisseur du domaine de Chanday; HUREL-
MASSON, manufacturier et ancien président du Tribunal de
commerce, à L'Aigle ; HUREL (Ch.), manufacturier et juge
suppléant au Tribunal de commerce, id.; HUREL (Alex.),
id., id.; JAMET-ROUPNEL, manufacturier, id.; LA SAUS-
SAYE, propriétaire, à Ferrière-la-Verrerie ; LE BAS fils,
manufacturier et juge suppléant au Tribunal de commerce,
propriétaire, à L'Aigle ; LE BAUDY (Louis), propriétaire,
id.; LEBLOND, manufacturier, à Merouvel ; LEBOUC
(Achille), fabricant de corsets, à L'Aigle ; LECOLIER-
BONHOMME, fabricant de gants, id.; LEFÈVRE-ROSSIGNOL,
propriétaire, à Ecorcei, près L'Aigle ; LEPORT DE LA
THUILLERIE, propriétaire, au château de La Viette;
LEROUX, cultivateur, au Paradis, près L'Aigle ; LE ROY,
cultivateur, au Chapli, près L'Aigle ; LE TIERS, dit BES-
NARD, propriétaire, à L'Aigle; LHERMINIER, manufacturier,
id.; MAILLARD LE BLOND, propriétaire, id.; MARAIS,
propriétaire, au château d'Herponsey ; MARAIS, caissier
à la banque de L'Aigle ; MARC, administrateur du chemin
de fer d'Orléans, propriétaire, à Fay; MARC fils, manufacturier, à L'Aigle; MARCHAND (Auguste), ancien maire
de L'Aigle, chevalier de la Légion-d'Honneur, conseiller-
général; MARE, maître de poste, à Randonnai, près
L'Aigle ; MAZIER, docteur-médecin, à L'Aigle; MAZIER,
notaire, et maire de L'Aigle; MAZIER-LEPORT (Hector),
propriétaire, à L'Aigle; MERCIER, propriétaire, à Ste.-
Gauburge ; Edgard DE MESSAY, propriétaire, au château
de Messay; METTON, propriétaire, à la Herpinière,

près L'Aigle ; MOUCHEL, manufacturier, président de la
Chambre consultative des arts et manufactures, à L'Aigle ;
Émile NOS-D'ARGENCE, propriétaire, à la Chapelle-Viel ;
PINTEAU, maître d'hôtel, à L'Aigle ; le comte DE PITTRAYE,
au château de Livet, près L'Aigle ; POUCET, propriétaire,
à Gauville, près L'Aigle ; POSTEL, fabricant de gants, à
L'Aigle ; RENOU, pharmacien, juge au Tribunal de com-
merce, id. ; RIMBERT, limonadier, id. ; ROCH-PETIT,
négociant, id. ; NOCHET-NEVEU, négociant, id. ; ROSSIGNOL,
(Gustave) père, id. ; ROSSIGNOL (Gustave) fils, id. ;
ROSSIGNOL-CHAUVIN, propriétaire, id. ; ROUSSELET,
avocat, id. ; le baron SAILLARD, ancien receveur général,
au château du Bois-Tertre ; SAILLARD, fils, id. ; SAMSON-
BOUVRY, propriétaire, à L'Aigle ; THOREL, limonadier, id. ;
THOREL, cultivateur, à la Fremondière, près L'Aigle ;
THIBOUT-HOUDELLIERRE, ingénieur civil, aux Genettes,
secrétaire du Comice agricole ; THIBOUT-HOUDELLIERRE,
père, maire de la Chapelle-Viel ; TURQUET fils (Arsène),
propriétaire, à L'Aigle ; VIVIEN, notaire, membre de la
Chambre d'agriculture, id. ; VIVIEN fils, id. ; HOUVET,
ancien notaire, adjoint, id. ; le vicomte DES BROSSES,
maire, à Chennebrun ; le comte D'IRAY, à Iray ; CHARTIER
(Charles), avocat, à L'Aigle ; LE BOULLEUR, prop**., à
Breteuil ; DE WITT, id., au Val-Richer, près Cambremer ;
DONNET, ancien élève de Grignon, chef de culture, à
Chennebrun ; HAREMBERT, receveur d'enregistrement à
Verneuil ; FOUQUET (Philémon), ancien élève de l'École
polytechnique, fabricant de laiton, à Rugles (Eure) ;
CUBAIN, manufacturier, id. ; VALET, manufacturier, à
Verneuil (Eure) ; CUDOT, négociant, à Rugles ; MARQUIS
et Fils, id., id. ; PAJOT, maître de forges, à Randonnai
(Orne), et un grand nombre d'autres personnes dont
nous n'avons pu nous procurer les noms.

M. de Caumont ouvre la séance par le discours suivant :

« MESSIEURS,

« Il y a tantôt dix-huit ans que l'Association normande tenait à L'Aigle une séance générale, et qu'elle y faisait une enquête sur l'état de l'industrie.

« De grands progrès se sont opérés depuis cette époque, et nous venons, après cette période de dix-huit années, constater l'accroissement des richesses du pays et rechercher avec vous le moyen de les augmenter encore.

« En 1843, le Congrès agricole et industriel normand siégeait à Mortagne. Nous n'avons pu faire alors à L'Aigle qu'une simple visite, par laquelle cependant nous avions voulu témoigner de notre intérêt pour les importantes industries de votre cité laborieuse.

« Aujourd'hui, l'Association normande vient y ouvrir le Congrès agricole, industriel et artistique normand ; c'est à *L'Aigle* qu'elle a convoqué tous ses membres pour la tenue du *Congrès provincial*.

« Permettez-moi, Messieurs, d'exprimer d'abord combien la Compagnie a été touchée de l'empressement avec lequel *la population tout entière* a bien voulu accueillir notre projet de réunion. Deux cent soixante propriétaires du canton se sont fait recevoir membres de l'Association normande, en même temps que M. Mazier, votre honorable maire ; M. Cécire, inspecteur du canton, et M. Gustave Massiot, inspecteur de l'arrondissement, préparaient la session avec une habileté et un dévouement qui en garantissent le succès.

« L'Association normande fera tous ses efforts pour répondre à tant de bienveillance. Par ses enquêtes sur l'état de l'agriculture, elle constatera les progrès accomplis, elle indiquera ce qu'on pourrait faire pour produire davantage;

« Par son enquête industrielle et commerciale, elle recherchera si de nouvelles industries pourraient être introduites dans le pays, si de nouveaux débouchés ne pourraient pas hâter l'écoulement de vos produits.

« Tout ce qui touche aux intérêts moraux et matériels sera sérieusement examiné dans nos séances.

« Puis viendront le concours agricole et l'exposition de l'industrie : ces deux exhibitions démontreront, par des faits *offerts aux regards de tous*, ce que les enquêtes déjà faites vous auront permis de constater.

« Après avoir ainsi étudié l'état du pays sous tous ses aspects, après avoir examiné ses produits variés, ses besoins, son avenir, l'Association normande *récompensera publiquement* les hommes qui lui auront été signalés par les jurys comme dignes de la reconnaissance de leurs concitoyens et de la province de Normandie, dont notre Association est l'organe au milieu de vous.

« Tel est, en peu de mots, le programme de la session dont nous sommes heureux de faire l'ouverture dans votre beau pays; nous comptons sur votre concours pour le bien remplir. Avec ce concours et la volonté de bien faire qui nous anime tous, LE SUCCÈS DE L'ŒUVRE EST ASSURÉ.

« Je déclare ouverte la vingt-neuvième session du Congrès agricole, industriel et artistique des cinq départements de la Normandie. »

Après ce discours, M. le Directeur communique une lettre de M. le Ministre de l'Instruction publique, qui annonce un don de livres pour les bibliothèques rurales établies dans les départements de la Manche, de l'Orne et du Calvados par l'Association normande. Des remerciments sont votés à M. le Ministre.

M. de Caumont communique ensuite les pièces suivantes :

1°. Un Dictionnaire généalogique de la race pure (pur sang anglais), par M. Charles du Hays; un numéro du *Journal des Haras* qui traite la même question; deux manuscrits, l'un sur la *Statistique du Perche*, et l'autre sur le *Traitement avec douceur des animaux;* des notes manuscrites, de M. le docteur Jousset, sur l'agriculture et l'industrie du canton de Bellême, et une notice archéologique sur le camp romain du Châtelier, dans la forêt de Bellême;

2°. L'*Histoire de l'arrondissement de Mortain;* un volume de légendes qui sont répandues dans ce pays et recueillies par M. Sauvage;

3°. Un dossier relatif aux chemins de fer normands à établir pour compléter le réseau actuel.

Il passe ensuite au dépouillement de la correspondance.

MM. le vicomte de Cussy, de Paris ; de La Chouquais, de Caen; Besnou, de Cherbourg; Renault, conseiller; R. Bordeaux, d'Évreux; Gaugain, archiviste; l'abbé Le Petit, curé-doyen de Tilly, et un grand nombre d'autres membres expriment leurs regrets de ne pouvoir se rendre à L'Aigle. M. Des Moulins, de Bordeaux, adresse le programme de la 28°. session du Congrès scientifique de France, et invite tous les membres de l'Association normande à se rendre à cette grande solennité, qui s'ouvrira le 16 septembre, à Bordeaux.

L'enquête agricole commence immédiatement sur la première question.

1re. QUESTION. — *Quelle est, en général, la nature du sol de l'arrondissement de Mortagne, et quelles en sont les principales divisions au point de vue de l'agriculture?*

M. Houdellierre partage l'arrondissement de Mortagne en trois divisions principales : l'une jette ses eaux dans le bassin de la Seine, et présente cette singulière particularité que tous les cours d'eau se perdent pendant une partie de leur parcours pour reparaître avant d'arriver à la Seine; l'autre se jette dans la Loire par le bassin secondaire de la Sarthe; la troisième, qui forme le bassin *tertiaire* de l'Huisne et parcourt toute la partie sud de l'arrondissement, se rend également dans la Sarthe, puis dans la Loire. Le point de rencontre de ces trois versants se trouve sur les limites de la forêt du Perche, à Bubertré, près Tourouvre.

Le plateau de L'Aigle, qui appartient au premier versant, et dont les eaux se dirigent vers la Seine, se compose d'argile siliceuse. La marne est à environ 10 mètres de profondeur.

Sur certains points, le sous-sol est formé par un terrain absorbant qui permet la culture de la luzerne lorsqu'il s'approche du sol arable. Le terrain cultivé est imperméable, au contraire, lorsque le sous-sol est formé par une couche de grison.

Les bassins qui se dirigent vers la Sarthe et l'Huisne présentent de très-bons pâturages et sont argilo-calcaires.

La vallée de Regmalard, entr'autres, contient de très-bons pâturages. La ligne de faîte est presque toute formée de sables siliceux, et pour ainsi dire entièrement couverte de forêts.

M. Massiot lit la note suivante, de M. du Hays, avocat à Mortagne, qui indique la composition et le degré de

fertilité des différentes parties du pays, suivant leur plus
ou moins grande richesse en marne :

« Les cantons de L'Aigle, Moulins-la-Marche, Tourouvre,
tout le nord et l'ouest de celui de Longny, le sud-est de
celui de Bazoches, sont formés d'un terrain argilo-siliceux ;
sous-sol, argile et silex. Craie inférieure ou moyenne à
une profondeur souvent assez grande. Dans une petite
partie nord de Tourouvre et dans le nord-est de Bazoches,
la craie se trouve à la surface. Tourouvre est marneux à
l'est, et ses marnes sont excellentes. Le midi de L'Aigle et
le nord de Moulins sont marneux également.

Longny. — Terrain argileux, couvert d'étangs et de
bois dans toute la partie de l'est. Une partie du midi est
un calcaire recouvert de sables.

Pervenchères. — Calcaire argileux ; sous-sol, argiles
d'Oxford (très-fertile), dans toute la partie du nord.
Tout le midi est un terrain calcaire oolithique. Tout l'est,
le centre et l'ouest est un bassin d'alluvion dans lequel on
remarque des amas étendus de terres vaseuses, de cailloux
roulés, de galet ou tête-de-chat, des sables verts, des
argiles mêlées de sable, terrains froids.

Bazoches. — Argilo-calcaire sableux (très-fertile) au
centre ; au midi, calcaire argileux ; sous-sol, argiles d'Oxford
(très-fertile).

Mortagne. — Argilo-calcaire caillouteux et siliceux, au
nord ; argile calcaire graveleuse au centre. Argilo-calcaire
marneux, mélangé de bans de tuf (très-fertile) au midi.
Tout le canton repose sur un sous-sol de grande
oolithe.

Bellême. — Nord et est, argilo-calcaire graveleux ;
sous-sol, grande oolithe. Ouest, centre et midi, marnes ;
argilo-calcaire sablonneux (fertile) ; bans de tuf au midi.

Regmalard. — Argilo-sablonneux au nord. Argilo-calcaire marneux au centre. Tuf au midi (fertile).

Nocé. — Argilo-calcaire sableux. Quelques tufs au nord. Sous-sol, la grande oolithe (fertile).

Le Theil. — Argilo-caillouteux sableux (fertile), marne au-dessus d'un banc de calcaire. Ce calcaire repose quelquefois sur l'oolithe. Terres douces et franches dans le bassin de l'Huisne.

L'arrondissement de Mortagne, qui comprend onze cantons, se divise en 4 régions agriculturales : la 1re. comprend les cantons de L'Aigle, de Moulins-la-Marche et le nord de celui de Bazoches ;

La 2e., le midi de Bazoches, le centre, l'ouest et l'est de Pervenchères ;

La 3e., Mortagne, Tourouvre, Longny et Regmalard ;

La 4e., le midi de Pervenchères, Bellême, Nocé et Le Theil.

M. Vivien, notaire à L'Aigle et membre de la Chambre d'agriculture de l'arrondissement, ajoute les considérations suivantes :

La nature du sol, dans la partie de notre arrondissement qui se trouve au nord des forêts du Perche, de la Trappe et de Bonsmoulins, est tout-à-fait différente de ce qu'elle est au sud de ces forêts, qui forment, à très-peu de chose près, la limite entre l'ancienne province de Normandie et celle du Perche.

Dans la partie nord, composée de tout le canton de L'Aigle et d'une partie du canton de Moulins-la-Marche, le sol est argilo-siliceux, tant pour la surface arable, souvent peu profonde, que pour le sous-sol généralement imperméable. Dans beaucoup de champs, le sol arable est mélangé de pierres siliceuses de petit volume. Le sous-sol, de nature plastique très-tenace, renferme souvent une grande quantité de pierres siliceuses de volumes très-variables. Par exception, on y trouve aussi quelques petits grès. Les meilleures terres sont celles qui sont propres à la fabrication de la brique : celles-là contiennent très-peu de cailloux, mais sont toujours de nature siliceuse.

Les forêts occupent, en partie, les sommités d'une longue chaîne de collines qui s'étend de la Bourgogne jusqu'à la mer et forme la séparation des deux bassins de la Seine et de la Loire. L'évaluation de cette chaîne est d'environ 300 mètres au-dessus du niveau de la mer. Celle des plaines qui entourent la ville de L'Aigle est de 250 à 260 mètres.

Il est aussi à observer qu'il existe des vents régnants : ainsi, le vent du nord-ouest souffle à L'Aigle pendant une moitié de l'année, et celui qui lui succède le plus constamment est le vent du sud-ouest. Ces deux vents sont très-pluvieux et tendent encore à faire baisser la température.

Qu'on ajoute à ces considérations que le terrain argileux et généralement peu perméable, est couvert de bois et entrecoupé de rivières et de ruisseaux, et l'on arrivera à cette conséquence, malheureusement trop réelle, que *notre climat est froid.*

Le printemps y est tardif, et l'automne y est précoce. Les productions de la terre se ressentent beaucoup de ce concours de circonstances : la végétation y manque de vigueur; les blés sont sans force, pendant l'hiver, n'en reprennent qu'à une époque avancée du printemps; ils poussent plus en paille qu'en grain, et la moisson a rarement lieu avant la deuxième semaine d'août. Les fourrages y sont fades et sans feu, ce qui tient encore à l'absence de calcaire et de phosphates dans le sol ; aussi les cultivateurs s'adonnent-ils plus à l'élève du bétail qu'à son engraissement. Enfin, la croissance très-vigoureuse et la reproduction naturelle, dans les environs de L'Aigle, du sapin *(Pinus argenteus)*, qui ne se plaît que dans les pays froids et élevés, est une nouvelle preuve de la rigueur de notre climat.

Les conséquences de cet état de choses sont que la culture des champs est difficile au printemps et à l'automne et que l'herbe y pousse avec une grande facilité.

2º. QUESTION. — *Quel est le caractère de la culture ; quelles sont l'étendue et l'importance des fermes dans l'arrondissement ?*

M. Massiot communique une nouvelle note, de M. du Hays. Les fermes ont, dit-il, été louées de 1,200 fr. à 2,000 fr. M. du Hays donne une nomenclature très-intéressante de la distribution des fermes, suivant leur importance.

« Culture ancienne, mais améliorée par la plus grande
« quantité de fumier de ferme et de meilleurs labours.
« Elle ne se compose que de céréales, de très-peu de
« chanvre, très-peu de pommes de terre, excepté aux
« environs de Mortagne. Les prairies artificielles sont
« très-nombreuses afin de venir en aide aux prés natu-
« rels et de pouvoir nourrir les nombreuses têtes che-
« valines qui font la gloire et la fortune de cet arron-
« dissement. L'élève du cheval se place en première ligne ;
« le bétail ne vient qu'au second plan. Le mode d'as-
« solement le plus généralement suivi est le quadriennal
« ou en quatre rotations. »

Il n'y a point de locations et de cultures isolées, toute l'agriculture se groupe autour de corps de ferme plus ou moins considérables. L'importance moyenne des fermes est de 30 à 50 hectares, et leur location varie de 1,200 fr. à 2,000 fr. Le nombre total des fermes est de 3,569, que l'on peut grouper ainsi, selon leur importance : de 5 à 10 hectares, 1,557 ; — de 10 à 20 hectares, 1,983 ; — de 20 à 50 hectares, 1,003 ; — de 50 à 100 hectares, 272 ; — de plus de 100 hectares, 14. Les petites locations, au-dessous de 5 hectares, connues sous le nom de *bordages*, sont au nombre de 3,170.

Les plus grandes fermes ne dépassent pas un revenu de 6,000 francs : telles sont celles du Goulet, à Coudeau, près Regmalard ; du Ménil, à Mauves ; de Méhéry, à Bellou-sur-Huisne, près de Regmalard, etc.

Dans la seconde catégorie, qui comprend celles de 5,000 francs, on compte : la Grande-Maison, à Dorceau, près Regmalard ; Bernuche, à Courcerault, près Mauves ; la Balivière, à Comblot, près Mauves ; Soisay, à la Ferrière, près Pervenchères ; la Coudrelle, à la Mesnière, près Bazoches, etc.

Parmi celles de 4,000 fr., et qui sont assez nombreuses, nous citerons seulement la ferme de Courcourt, près Mortagne ; de Bois-Guillaume, à Soligny-la-Trappe. Les environs de L'Aigle et de Verneuil en possèdent un bon nombre de cette importance, dont la nomenclature serait fastidieuse. »

M. Houdellierre fait remarquer que la ligne des forêts divise le Perche ; que, d'un côté, la terre est cultivée en petits sillons, tandis que, de l'autre côté, les terres sont cultivées en planches.

M. Joigneaux pense que ce mode différent de culture provient de la nature du terrain.

M. Marc fait observer qu'il devient de plus en plus difficile de louer de grandes fermes de 2,000 fr. de rente en moyenne, à cause du défaut de bras. Les fermiers, ne pouvant plus trouver d'ouvriers étrangers, doivent pouvoir cultiver par eux-mêmes et à l'aide de leur famille seule. Les villes attirent maintenant les ouvriers occupés autrefois par l'agriculture. L'Administration ne devrait-elle pas arrêter cette émigration ?

Paris et les grandes villes ont besoin, dit-on, de beaucoup d'ouvriers pour les immenses travaux qui les transforment.

C'est précisément là que se trouve le mal. On veut faire maintenant, en cinq ans, ce qu'on aurait fait autrefois en quarante ans. Il faut donc, chaque année, huit fois plus de bras qui resteront inoccupés lorsque ces grands travaux de transformation seront terminés. Les maçons ne redeviendront pas laboureurs.

M. Hurel-Masson demande quel serait le remède à ce mal.

M. Marc répond qu'il ne faut pas engager l'avenir, ne pas faire d'emprunts et surtout ne pas exciter ces immenses travaux improductifs des grands centres de population.

M. Vivien dit que le métayage n'existe pas : peu de propriétaires cultivent par eux-mêmes ; la moyenne du prix de fermage est de 1,500 à 2,500 fr.

M. Hurel-Masson pense que beaucoup de propriétaires des environs de L'Aigle ont pris à charge de faire valoir leurs terres pour les améliorer, afin de les louer plus facilement ensuite en les divisant en petites fermes.

M. Desvaux pense qu'il faut éviter la trop grande division en petites fermes, à cause de l'entretien trop considérable des bâtiments. Il serait préférable d'employer les instruments perfectionnés avec de grandes fermes.

M. de Chasot combat l'opinion de M. Marc et répond que, du côté de Mortagne, de Regmalard, de Nocé, on ne manque pas de fermiers; que les prix de rente ont doublé.

Cela peut être vrai, ajoute un autre membre, pour les petites exploitations; mais, avant de louer une ferme 2,500 fr., on trouvera dix personnes qui se retireront en disant qu'elles préféreraient, pour 1,250 fr., une ferme moitié moins grande.

Pour les grandes fermes, il faut de longs baux, afin que le fermier cultive le sol et l'améliore comme s'il était propriétaire.

En général, l'étendue des fermes dans chaque pays est en raison directe de la fortune des cultivateurs qui les exploitent.

Ce qui manque au fermier, c'est de l'argent, ce sont des bras; et même, lorsqu'on trouve des ouvriers, leur exigence, dans certains cas, porte le dégoût chez les cultivateurs et les force à se retirer.

Pour introduire des instruments nouveaux, il faut des hommes nouveaux qui ne refusent pas de s'en servir.

M. Joigneaux développe ensuite cette idée que, pour conserver les fermiers, il faudrait les intéresser à améliorer le sol de l'exploitation, en leur garantissant à fin de bail une part de la plus-value.

3ᵉ. QUESTION. — *En combien de parties peut-on diviser l'arrondissement, sous le rapport de la diversité des cultures?*

M. du Hays répond ainsi à cette question :

« On peut diviser l'arrondissement en 4 régions: 1re. L'Aigle, Moulins, tout le nord de Bazoches, où *l'assolement est triennal*. Exploitation par des juments poulinières. Sol généralement argilo-siliceux.

2e. Tout le midi de Bazoches, le centre, l'ouest, le midi de Pervenchères, dont *l'assolement est quadriennal*. Exploitation faite par des juments poulinières. Sol généralement argileux et presque partout couvert d'herbages et de prairies, consacrés exclusivement à l'éducation des chevaux, à l'élève et à l'engraissement du bétail.

3e. Mortagne, Tourouvre, Longny et Regmalard, dont *l'assolement est quadriennal* aussi, mais dont la culture s'opère au moyen de poulains mâles et tous conservés entiers. Un tiers de Longny est soumis à l'assolement triennal ; un tiers de Regmalard au quadriennal, ainsi qu'une toute petite fraction de Tourouvre, qui peut s'évaluer par un vingt-cinquième environ. Sol généralement argilo-calcaire, cailloueux, graveleux, sableux.

4e. Bellême, Nocé, Le Theil et une petite partie méridionale de Pervenchères, dont l'assolement est *complétement quadriennal* et dont l'exploitation se fait exclusivement par des juments poulinières et quelques chevaux entiers ; où le chanvre se trouve plus abondamment, où les terrains dominants sont argilo-calcaires, sableux.

Cette région est, de toutes les quatre, la plus fertile et la mieux cultivée. »

4e. QUESTION. — *Quelles sont les productions agricoles de l'arrondissement?*

La rotation ordinaire est jachère morte, blé, céréales de printemps avec trèfle, trèfle et jachère, etc. Cet assolement est démontré très-mauvais par la saleté du sol ; ou a trop abusé du trèfle, qui ne devrait revenir qu'au bout de 7 ou 8 ans, et la luzerne au bout de 15 ans.

L'industrie de l'arrondissement de Mortagne est l'élevage du cheval. Sur une ferme de 50 hectares, on a 20 ou 25, quelquefois jusqu'à 30 ou 40 têtes chevalines. On achète 8 poulains chaque année pour vendre 8 chevaux de 2 ans 1/2. On obtient ainsi des bénéfices à court terme.

Suivant M. du Hays, la principale production, et celle qui domine toutes les autres, c'est celle du cheval, dont le mérite et la renommée sont partout établis d'une façon victorieuse.

D'après les renseignements communiqués par divers membres, si l'on ne peut pas cultiver la carotte, parce qu'elle nécessite de la main-d'œuvre et l'acquisition d'instruments particuliers de culture, il faut faire de la luzerne et du sainfoin.

On obtiendrait des terres plus propres en faisant alterner les céréales avec les fourrages, et ne semant du trèfle que tous les huit ans. Enfin on pourrait semer des fourrages mélangés, ils seraient ainsi plus recherchés des animaux.

Les différentes productions de céréales sont : les blés, blanc, rouge et bleu, semés à l'automne ou au printemps. Le blé bleu ou de Noé donne moins de paille, mais plus de grain; son rendement est variable; il ne verse pas, parce que la paille est plus courte que l'autre.

Le trèfle représente les 2/3 des fourrages artificiels cultivés. Le sainfoin, seul ou mélangé au trèfle, représente presque l'autre tiers. On fait peu de luzerne.

Les racines représentent 1/20 des récoltes fourragères. Ce sont des betteraves, quelques navets et quelques carottes pour les chevaux.

On sème un peu de moutarde sur chaume. Les better-raves sont semées pour une moitié et repiquées pour l'autre moitié. Ce dernier mode d'opérer est bien préférable.

Le colza est très-peu cultivé.

Du côté de Mortagne et de la Sarthe, on cultive le chanvre.

Pour le canton de L'Aigle, M. Vivien répond ainsi à cette question :

Les principales productions agricoles du canton de L'Aigle ont été long-temps exclusivement le blé, le seigle et l'avoine ; depuis quelques années, les prairies artificielles et notamment les trèfles, la luzerne, les vesces et les pois commencent à occuper une partie du sol arable qui augmente d'année en année, mais qui aujourd'hui ne peut pas encore être évalué au-dessus de 1/8 en moyenne. Les fermiers les plus avancés commencent à cultiver les récoltes sarclées, mais encore en très-petite quantité.

Chaque ferme se compose ordinairement: 1°. d'une ou plusieurs cours herbées, contenant généralement plusieurs hectares, encloses de haies ou plantes et plantées d'arbres à cidre. Les bâtiments nécessaires à l'habitation du fermier et à l'exploitation sont édifiés dans ces cours à des distances assez grandes l'une de l'autre pour éviter, en cas de sinistre, la communication de l'incendie ; 2°. d'un ou de plusieurs prés hauts appelés *noes*, ou de rivière, de grandeur suffisante pour que la première coupe puisse nourrir les chevaux d'attelage et d'élève. La seconde coupe des prés de rivière, ou regain, est donnée aux vaches laitières pendant l'hiver, avec la paille d'avoine et, depuis quelques années, un peu de trèfle ; 3°. de terres de labour, dont l'étendue est en moyenne de trois à cinq fois plus grande que celle des terres herbées.

5°. QUESTION. — *L'agriculture, en général, a-t-elle fait des progrès dans l'arrondissement depuis* 1843, *époque à laquelle l'Association normande a tenu son Congrès annuel dans l'arrondissement ?*

Depuis 1843, la culture a fait de grands progrès. On récolte environ trois fois plus de fourrages.

Au lieu de semer sous raie, on fume et laboure toute l'année ; on sème à la herse ; on a substitué, en général, la planche au sillon.

L'usage de la faux s'est répandu.

On se sert de scarificateurs et de machines à battre prenant la paille en travers.

Enfin les chemins de grande communication sont terminés ; ceux d'intérêt commun le seront dans trois ou quatre ans, et les chemins vicinaux s'améliorent.

M. du Hays répond ainsi à cette question :

« L'agriculture a fait des progrès considérables dans l'arrondissement, en ce sens que beaucoup de terres incultes ont été livrées à la culture, et que, dans les autres terres anciennement cultivées, la production a *plus que triplé* ; mais il est fâcheux d'avouer que le rendement des grains n'a pas suivi la même progression et n'est pas en rapport avec la quantité des pailles. Parmi les prairies artificielles, le trèfle, qui occupe de beaucoup la plus grande surface, et qui rend le plus de services, commence à décliner considérablement depuis quelques années. On a remarqué que, dans les exploitations même les mieux cultivées et le plus fortement engraissées, si la terre n'a pas de repos et pousse toujours quelque céréale ou quelque légumineuse, les rendements, *pour les céréales*, ne sont point en rapport avec la paille.

L'assolement en quatre rotations, universellement suivi, a peut-être du bon, mais on l'emploie mal : deux variétés de céréales s'y suivent toujours sans interruption : blé, seigle ou méteil; orge ou avoine. Elles épuisent une terre qui n'a point un engrais suffisant pour réparer ses forces. Il serait urgent que ces variétés de céréales fussent séparées par un plus long intervalle et qu'une culture moins similaire, telle que des légumineuses ou des prairies artificielles, remplît cet espace. Il en est de même du trèfle : il revient trop souvent. Il est de toute nécessité que le mode d'assolement soit conçu de façon que le trèfle ne revienne pas avant six ans sur la même terre. »

M. Vivien ajoute les réflexions suivantes, pour le canton de L'Aigle :

L'agriculture du canton de L'Aigle a fait quelques progrès depuis 1843.

A cette époque, l'assolement triennal (jachère nue, céréales d'automne et avoine) régnait encore exclusivement, à très-peu d'exceptions près.

Maintenant, presque tous les cultivateurs commencent à comprendre l'utilité, la nécessité de la culture des plantes fourragères, au moyen desquelles ils nourrissent plus de bestiaux et font plus d'engrais, qui améliorent toutes leurs récoltes.

Il y a une tendance assez générale à l'abandon du système triennal; nous sommes dans un état de transition dont le but n'est pas encore bien fixé. Tous les fermiers demandent à avoir, dans leur bail, la liberté de faire ce qu'ils voudront et notamment des prairies artificielles ; c'est évidemment abandonner l'ancien assolement triennal ; cependant le plus grand nombre ne veulent pas qu'aucun autre soit stipulé ; quelle en est la raison ? C'est qu'en sortant ils veulent laisser le tiers de leurs terres ensemencées en céréales d'automne, dont, suivant l'usage du pays, ils ont droit de faire la récolte au mois d'août suivant. C'est évidemment imposer à leur successeur cet assolement triennal, dont ils n'ont pas voulu pour eux-mêmes. Le nouveau fermier souffre de cette perturbation qu'il est obligé de vaincre à son début ; mais il est certain que l'ancien en souffre autant que lui, puisque, dans la nouvelle ferme où il entre, il trouve aussi le tiers des terres en blé et, comme dans celle qu'il quitte, les prairies artificielles détruites.

En résumé, qui donc y gagne ? Personne, et tous les fermiers y perdent.

Il serait donc infiniment à désirer qu'un nouvel assolement *fixe* fût adopté à la place de l'ancien, et que chaque fermier le respectât aussi bien à sa sortie que dans le cours de son bail : tout le monde y gagnerait. Le propriétaire aurait tort de se croire désintéressé dans la question, et il devrait aider à établir ce nouvel assolement.

6ᵉ. QUESTION. — *Quels sont les changements qu'il serait désirable de voir s'introduire dans ces assolements ?*

Certaines personnes ont semé leur trèfle dans la céréale d'hiver. L'avoine qui a succédé au trèfle a donné un rendement trois fois plus considérable que lorsqu'elle est semée après le blé.

Suivant M. du Hays, les assolements, au lieu d'être divisés en 4 rotations , devraient se subdiviser en un plus grand nombre. Les prairies artificielles devraient s'étendre sur une plus grande surface. Le haut prix, toujours croissant de la main-d'œuvre , la rareté des aides agricoles font une loi de cette mesure. Moins de terres en labour pourraient être mieux cultivées, mieux fumées et rapporter davantage. Plus de plantes fourragères augmenteraient le nombre du bétail et , par contre, la masse des engrais. Enfin, les terres reposées plus long-temps, les céréales et les trèfles revenant plus rarement , il en résulterait un rendement beaucoup plus riche. Il blâme , comme il l'a fait à la question précédente , la méthode de mettre grain sur grain , de donner pour successeur à une céréale une culture similaire , et de ne pas séparer ces ensemencements par un intermédiaire différent.

Les plantes sarclées sont impossibles dans la presque totalité de l'arrondissement. Le sol y est toujours rebelle; quelquefois trop mouillé au moment des plantations, quelquefois d'une sécheresse désespérante. Ces deux défauts, qui se succèdent sans interruption, ne permettent pas de sarcler et de biner ces plantes sans danger de les déraciner, soit en enlevant des masses de boue, soit des bancs de terre desséchée.

Au point de vue du canton de L'Aigle, M. Vivien ajoute les considérations suivantes :

En ayant égard à notre climat, à la nature de notre sol , à son imperméabilité et à sa froideur, au peu d'engrais, au peu de vieille force qu'il contient , et aussi à ce que l'expérience nous a appris sur les plantes dont la végétation est satisfaisante sur nos terres; enfin, en ayant égard à ce qu'il y a de judicieux dans les tendances des cultivateurs de notre pays , je crois qu'il serait désirable de voir adopter , pour *le plus grand nombre des fermes* , l'assolement quadriennal suivant :

1ʳᵉ. *sole*. — Jachère nue de quatre labours , dont un d'hiver , pour les terres les moins nettes.

Jachère d'été seulement et de trois labours pour les terres plus nettes , dans lesquelles on aura semé , l'année précédente , de la minette et du trèfle incarnat , à manger en vert sur place.

Sur cette première sole on enfouira , pendant l'été et jusqu'en octobre , tous les fumiers faits sur la ferme depuis le mois de janvier ou février , et on l'ensemencera tout entière , en octobre et même dès le mois de septembre , en blé et en seigle.

2ᵉ. *sole*. — Blé et seigle , mis en moyettes à la récolte. On ne saurait trop recommander la mise en moyettes, moyen excellent, même dans les années sèches, et le seul qui permette de sauver les récoltes quand le mois d'août est pluvieux , ce qui arrive très-fréquemment à L'Aigle.

Sur *moitié seulement* des terres de cette sole on sèmera de la graine de trèfle au printemps.

3ᵉ. *sole* , *dite fourragère*. — Moitié de cette sole est en trèfle , semé sur blé et seigle l'année précédente ; l'autre moitié portera : 1°. sur un quart de la sole, des fourrages annuels , tels que vesce d'hiver semée après la récolte du blé , vesce de printemps , pois , ou enfin des fourrages annuels mélangés , le tout mangé en vert ou converti en foin pour la nourriture d'hiver ; 2°. et sur le dernier quart des racines, tels que pommes de terre , betteraves, navets , carottes, féverolles , le tout planté en lignes , sarclé et biné.

Le fumier fait depuis octobre jusqu'à janvier ou février sera employé à ces cultures.

La moitié de cette sole qui porte le trèfle devra, dans quatre ans, porter les autres fourrages annuels et les racines, et réciproquement ; de manière que le trèfle ne revienne que tous les huit ans sur le même champ. Cet intervalle est nécessaire dans nos terres froides, où le trèfle pousse modérément.

4e. *et dernière sole.* — Cette sole doit être consacrée en entier à la culture des céréales de printemps et notamment de l'avoine, qui, venant après une récolte fourragère, donnera de très-beaux résultats ; tandis que le produit de l'orge est, dans les terres froides du canton, beaucoup moindre, plus variable, et que cette céréale est plus difficile à récolter par temps humide.

Lorsqu'après un certain nombre d'années nos terres se seront améliorées par cet assolement, et surtout par le drainage, dont je vais parler en répondant à la 12e. question, on pourra, sans doute, reporter la culture des plantes sarclées à la première sole et supprimer la jachère ; c'est même ce que déjà les cultivateurs les plus avancés de notre pays ont pu faire. Les céréales de mars se feront alors dans la seconde sole, et celles d'automne seront reportées dans la quatrième.

Je crois que la troisième sole devra toujours être partagée en deux parties égales, dont l'une portera du trèfle et l'autre des fourrages annuels, de manière que le trèfle ne revienne que tous les huit ans sur le même champ.

Il est d'ailleurs bien entendu que, maintenant comme plus tard, il faudra toujours avoir en luzerne, en-dehors de l'assolement, le tiers des terres les plus propres à en produire.

Enfin, il me semble de l'intérêt bien entendu de nos

fermiers de convertir en pâtures les plus mauvaises terres de leurs fermes.

Avec l'assolement que je propose, l'agriculture de notre pays pourra augmenter ses troupeaux de moutons, dont le fumier est si utile à nos terres froides.

M. Joigneaux dit que l'assolement est une question complexe, qui ne peut être décidée que par la connaissance parfaite de la nature du sol et des débouchés que la contrée possède pour ses divers produits.

7ᵉ. QUESTION. — *Quels sont les* engrais, composts *et* amendements *généralement employés par les cultivateurs de l'arrondissement? — Dans quelles proportions, à quelles cultures et dans quel ordre emploie-t-on de préférence, et avec le plus de succès, le fumier, la chaux, le noir-animal, le guano, la poudrette, les cendres lessivées, les composts? — Fait-on usage, dans l'arrondissement, du plâtre pulvérisé comme amendement? — Le* fumier de ferme, *le premier des engrais, y est-il traité avec soin et intelligence?— Quel serait le mode le plus facile et le moins dispendieux d'empêcher la perte des purins, si préjudiciable à l'agriculture?*

Près Bellême, on emploie de la chaux; auprès de L'Aigle, la chaux hydraulique serait moins bonne, c'est-à-dire que, pour obtenir une même quantité de carbonate de chaux, il faut répandre un plus grand nombre d'hectolitres, et que, si le prix de l'hectolitre des deux espèces est le même, le chaulage d'un hectare coûtera plus cher avec la chaux hydraulique qu'avec l'autre.

M. Pelletier a employé avec succès la chaux sur la jachère. M. de Chasot forme, dans son champ, des composts qu'il brasse au bout d'un mois; puis il recommence une se-

conde fois l'opération et répand ensuite le compost sur
le sol à la fin du troisième mois.

M. Joigneaux demande si l'on corrige l'acidité des eaux
d'irrigation, en les faisant pàsser dans un bassin contenant de la chaux et de la cendre.

M. de Caumont ajoute que, dans le Calvados, on
chaule les terres avec beaucoup d'avantage.

Quelques cultivateurs emploient le plâtre, semé sur les
fumiers pour le faire pourrir plus vite et le rendre plus
facilement assimilable aux plantes.

M. Massiot lit la note suivante, de M. du Hays, sur
cette question :

« Les seuls engrais et amendements employés sont au
nombre de quatre : 1°. le fumier de ferme ; 2°. la marne ;
3°. le plâtre ; 4°. la chaux.

Le fumier, qui se divise en deux classes, le fumier proprement dit, et les composts formés des débris perdus
devant les portes des granges, et connus sous le nom de
poussiers, ne s'emploie guère qu'une fois dans le cours des
diverses rotations auxquelles la terre est soumise. On le
met dans la proportion de 92 quintaux métriques environ par hectare.

Le plâtre, qui se répand en poudre sur les papiliona-
cées seulement (le trèfle et le sainfoin), est employé
dans la proportion de 300 kilogrammes environ par
hectare.

La chaux, qui n'est guère répandue, et dont l'emploi se
borne aux seuls cantons de L'Aigle, Tourouvre et Bellême,
est mise dans la proportion de 25 mètres cubes par
hectare.

La marne, dont l'usage ne revient guère que tous les
18 ou 20 ans, s'emploie de la manière suivante : si c'est

celle de St.-Maurice-les-Charencey, qui est d'un mérite exceptionnel, il suffit d'en donner 400 hectolitres. Les marnes du midi de l'arrondissement sont bien inférieures : on a besoin, pour obtenir le même résultat, de 1,600 hectolitres environ. C'est, du reste, la quantité employée généralement. Les fumiers de ferme, sauf de très-rares exceptions, sont mal faits et mal traités. Il serait cependant bien facile et peu dispendieux d'en augmenter la qualité en utilisant les purins, qui sont toujours perdus, soit sur les chemins, soit dans les abreuvoirs, dont ils corrompent l'eau. On pourrait remédier à cet inconvénient, soit en élevant, dans la direction que prend le purin pour s'échapper, un petit bourrelet de terre qui pomperait le liquide et qui serait rejetée sur la forme, soit en établissant des fosses à purin, munies d'une pompe, près des formes et près des étables, pour toujours le rejeter sur les formes et les arroser quand elles se dessèchent, en ayant toujours soin de relever en bourrelet les bords afin d'éviter que le hâle ne pénètre à l'intérieur. Il serait moins dispendieux de remplacer la pompe à purin par un épuisement, soit avec des seaux, soit avec des pelles ; mais je doute fort que les domestiques voulussent s'astreindre à ce travail, qui pourrait ne s'exécuter qu'une fois la semaine, et qui serait facile si des rigoles conductrices se trouvaient en tête de chaque fosse à purin.

Le tonneau à purin, pour transporter ce liquide sur les terres, n'existe pas plus que les pompes et les fosses.

Les formes sont mal faites. Il serait pourtant bien facile de les organiser de façon qu'elles conservassent parfaitement le fumier : ce serait de les murailler de trois côtés et d'incliner le quatrième seulement en forme d'abreuvoir, afin de permettre aux voitures de sortir sans difficulté. »

Le purin ne doit pas être employé par un temps sec, mais par un temps humide ; il doit toujours être étendu de cinq à six fois son volume d'eau. Il faut s'en servir sur les plantes qui ne versent pas.

Il ne faut pas étaler le fumier, parce qu'il présente une plus grande surface d'évaporation, qu'il est plus lavé par la pluie et fermente moins bien. Il faut le mettre par petits tas et le recouvrir avec de la terre.

Dans la campagne, le fumier reste dans l'étable, derrière les animaux, qui le foulent aux pieds en sortant de l'étable et lorsqu'ils y rentrent. Si l'étable est assez vaste, il n'y a pas d'inconvénient. On a remarqué seulement quelques cas de maladies d'yeux, lorsque l'étable n'était pas assez aérée.

Le piétin ne se manifeste pas lorsque le fumier est souvent recouvert de paille fraîche et que les animaux ont le pied sec.

Les fumiers couverts ont l'avantage de produire des nitrates. Pour éviter les frais de construction, on pourrait tout simplement planter des fourches dans le tas et suspendre des paillassons.

L'emploi de trous à fumier peut être bon pour le fumier de cheval. Celui de vache fermente trop lentement ; il faut le mettre en tas.

A ces considérations, M. Vivien ajoute les suivantes, pour le canton de L'Aigle :

Le fumier de ferme est presque le seul engrais employé dans la plupart des fermes de notre contrée.

Il faut y ajouter les boues de la ville, que quelques

propriétaires des environs de L'Aigle achètent et font ramasser pour les répandre sur les cours ou vergers et sur les près hauts ou *noues* ; elles sont employées soit immédiatement, soit en hiver, surtout pour celles enlevées l'été, après avoir mûri en tas pendant à peu près une année, parfois avec une addition de marne. Il n'est fait de composts qu'en petite quantité, et presque exclusivement par des propriétaires faisant valoir ; ils sont composés de terres provenant de la curure des mares et fossés, ou enlevées au bout des pièces de labour, de gazons, de marcs de pommes et de débris divers ; le tout mélangé avec de la marne, quelquefois aussi avec de la chaux.

Dans ces dernières années, il a été employé un peu de guano, mais par exception.

Les charrées, dans chaque ferme, sont répandues comme engrais sur les prés ou pâtures ; mais il est très-rare que les fermiers en achètent.

Les fumiers sont généralement employés pour la récolte des céréales d'automne, et un peu pour quelques récoltes fourragères. Les récoltes de racines ne sont jamais faites sans engrais.

On fait usage du plâtre en poudre sur les trèfles et les luzernes ; mais généralement il ne paraît pas toujours produire de très-bons résultats, peut-être à cause de l'humidité du sol, ou du froid de la température à l'époque du printemps.

Le fumier de ferme, appelé à bien juste titre le premier des engrais dans le programme des questions, n'est pas généralement traité avec assez de soin dans beaucoup de nos fermes ; la perte du purin a encore lieu très-souvent ; néanmoins, il est juste de constater ici que de plus en plus nos fermiers font leurs efforts pour le conduire, au moyen de rigoles, sur leurs vergers ou leurs prairies.

M. Pelletier dit que l'observation ci-dessus, relative à l'effet du plâtre sur les prairies artificielles dans le canton de L'Aigle, ne doit pas être admise pour tout l'arrondissement. Dans la plupart des autres cantons, on peut remarquer fréquemment les bons résultats de l'emploi du plâtre. Dans un champ de trèfle, on reconnaît facilement les parties plâtrées et celles qui ne le sont pas. Dans les parties plâtrées, le trèfle est plus élevé, plus verdoyant, plus vigoureux, et il serait encore possible, comme le fit Francklin pour vulgariser l'usage de ce précieux amendement, d'écrire sur nos prairies artificielles : *Ceci a été plâtré.*

8e. QUESTION. — *L'engrais humain (matières fécales et urines), dont on tire un si grand parti dans plusieurs départements, n'est-il pas presque généralement perdu dans l'arrondissement, au grand préjudice de l'agriculture et des cultivateurs? — Quel serait le meilleur moyen d'introduire l'usage de l'engrais humain à l'état liquide?*

Cet engrais est complètement perdu dans les campagnes. On a essayé d'y obvier dans plusieurs habitations en employant des baquets pour recevoir ces déjections ; mais, comme il était impossible d'obtenir des domestiques qu'ils les transportassent, le maître était obligé de les désinfecter préalablement lui-même. On a fini, de guerre lasse, par renoncer à cette méthode. Il reste à employer celle de petites guérites transportables facilement, et que l'on placerait sur les formes à fumier, en exigeant (si toutefois on pouvait l'obtenir) que le personnel des habitations se servît de ce *nouveau meuble.*

Le meilleur moyen de l'employer serait d'en faire des composts avec de la terre.

On perd le marc de pommes, qui est abandonné sur les chemins et y exhale une odeur détestable. Utilisé avec la chaux, il donnerait un excellent engrais propre à être mis dans les prairies et au pied des arbres des vergers. Les abreuvoirs sont mal soignés et presque tous alimentés par la forme à fumier, ce qui corrompt toujours l'eau des animaux. Il serait urgent de combattre un funeste préjugé, celui de croire que les animaux aiment cette eau corrompue et qu'elle est bonne pour leur engraissement.

Dans le canton de L'Aigle, le sang des animaux abattus est répandu par les bouchers sur leurs fumiers, ainsi que les issues de ces animaux, et, pour cette double cause, ces fumiers se vendent très-cher.

Les animaux morts sont livrés à l'équarrisseur, qui les emploie, en partie, à la nourriture des chiens et des porcs et, pour le surplus, à la confection des fumiers.

9ᵉ. QUESTION. — *Quel serait le mode à suivre pour utiliser, dans l'intérêt de l'agriculture, le sang des animaux abattus et les restes des animaux morts?*

Le meilleur moyen d'utiliser les animaux morts est de les faire cuire, de faire avec la viande et de la terre des composts qui seront arrosés avec le bouillon. M. du Hays pense qu'il serait bon d'établir dans l'arrondissement deux ou trois usines pour la fabrication du noir-animal, l'abattage des vieux chevaux et l'emploi des animaux morts, à l'instar de celui fondé aux environs de Séez, et d'un autre qui fonctionne aux portes de Chartres. Ces deux établissements ont rendu un grand service à l'agriculture. La prime qu'ils offrent à tout individu leur dénonçant la mort d'un animal, l'achat, à prix très-raisonnable, de cet animal ont débarrassé les campagnes des charniers des petits équarrisseurs, qui étaient un danger permanent pour la santé publique. On a cessé de remarquer aussi l'abandon des charognes au milieu des champs et l'enfouissement, presque toujours incomplet, des cadavres sur lesquels les mouches allaient puiser un venin trop souvent mortel.

M. Vivien utilise les animaux qui meurent dans sa ferme en les enfouissant dans le fumier, où ils se décomposent très-promptement, sans répandre de mauvaise odeur.

La fanfare d'Orbec étant venue pour donner une sérénade au Congrès, la séance est suspendue pour une demi-heure, et l'on s'empresse d'écouter, dans le jardin de l'Hôtel-de-Ville, plusieurs morceaux exécutés avec beaucoup de goût et d'ensemble par cette musique. M. de Caumont, après avoir pris l'avis du Conseil, félicite le chef de la fanfare et lui remet une médaille au nom de l'Association normande, dont l'un des buts est d'encourager les arts.

Le Secrétaire,
DESVAUX-SAVOURÉ.

2ᵉ. SÉANCE DU JEUDI 18 JUILLET.

Présidence de M. MAZIER, maire de L'Aigle.

La séance est ouverte à 3 heures.

M. Mazier est invité par M. de Caumont à occuper le fauteuil.

Le bureau est composé comme à la séance précédente.

10ᵉ. QUESTION. — *Les plantes fourragères occupent-elles aujourd'hui une plus grande place dans les assolements que par le passé? Quelles sont celles qui obtiennent plus généralement la préférence ou qui la méritent?*

Suivant M. du Hays, la culture des plantes fourragères progresse chaque jour. Celles qui obtiennent généralement la préférence, occupent une plus large place et réussissent le mieux, sont le trèfle et le sainfoin. Toutefois, le trèfle a laissé voir, comme nous l'avons dit à la 6ᵉ. question, un temps d'arrêt bien marqué dans sa production. Nous ne pouvons que répéter ce que nous avons déjà dit, c'est que le retour de cette plante sur les mêmes terres les fatigue ; c'est qu'il faudrait remanier les assolements pour y porter remède. Nous ajouterons, de plus, qu'il serait très-utile d'ensemencer le *sainfoin* en plus grande quantité. Cette plante, d'un mérite exceptionnel, se conserve plus long-temps dans toute sa sève et toute sa vigueur ; elle permettrait donc plus aisément de changer la durée et la rotation des divers assolements. On fait peu de luzerne et on a raison, car cette plante ne convient qu'aux terrains sableux, drainés et dégagés de toute humidité. Elle ne vient nullement dans les terres argileuses.

D'après M. Vivien, dans le canton de L'Aigle, les plantes fourragères occupent une plus grande place que par le passé. Celles qui obtiennent la préférence sont d'abord la luzerne, dans les fermes où elle peut venir, et le trèfle; au second rang, les vesces d'hiver et de printemps, les pois, la minette, et le trèfle incarnat.

11e. QUESTION. — *Traite-t-on convenablement les prairies naturelles sous les rapports du creusement et de l'entretien des rigoles d'égout, de l'irrigation et de la fumure? Quels sont les engrais, composts et amendements dont l'application aux prairies a le mieux réussi?*

On ne fait rien aux prairies, du côté de Mortagne.

Auprès de L'Aigle, on les irrigue et on les rigole.

M. du Hays répond ainsi à cette question :

Les prairies naturelles sont très-mal traitées : jamais on ne les engraisse, jamais on ne les rigole; on en a très-peu drainé, malgré les résultats surprenants de cette opération. Au lieu de les irriguer avec entente et avec soin, on les noie sans cesse sous des masses d'eaux stagnantes; on les peuple de plantes aquatiques ; et, si ce traitement désordonné continue, on les perdra entièrement. Depuis quatorze ans que j'habite le Perche et que je suis la marche de la culture de ce pays, j'ai remarqué avec chagrin les progrès du mal dans les prairies. Un grand nombre qui n'étaient que médiocres, par suite d'irrigations maladroites et continuelles, sont devenues on ne peut plus mauvaises.

L'art de l'irrigation n'est connu que dans le canton de

L'Aigle, et un seul propriétaire le pratique avec la science et la retenue qu'il réclame : c'est M. Mouchel, pour sa terre du Bois-Thorel, à Ray. Il est curieux d'étudier son sage et merveilleux aménagement des eaux. Une visite à cette terre est indispensable à tous ceux qui veulent étudier l'irrigation.

Les abreuvoirs sont complètement abandonnés et sans soins : il en résulte que ce sont de véritables cloaques. Je n'en connais que deux qui soient propres, sains et parfaitement empierrés : l'un à la Mesnière, vis-à-vis du moulin de Long-Pont ; l'autre au gué de la Forge, commune de Maison-Maugis.

Loin d'engraisser les prés, dans le Perche, lorsque, par l'effet de leur position, ils reçoivent les alluvions fertilisantes des champs, on voit les cultivateurs les défoncer d'un cours de pelle et reporter cette dépouille sur leurs terres labourées. Ne comptons donc pas qu'ils les engraissent avec des composts. Ils ne leur donnent même pas les cendres, les charrées, la suie des cheminées qui produiraient un résultat prodigieux. On les vend à des cultivateurs de la Basse-Normandie, qui, plus logiques que nous, dépensent temps et argent pour enrichir leurs terres et en sont récompensés largement.

12ᵉ. QUESTION. — *Quel est, approximativement, le nombre d'hectares de prairies naturelles auquel le drainage a été appliqué dans l'arrondissement? Le drainage a-t-il été employé pour l'assainissement des terres arables trop humides? Quel est le prix moyen du drainage par hectare, les tuyaux compris? — Dans quelle proportion les produits des terrains drainés sont-ils plus considérables que ceux des mêmes terrains avant le drainage?*

M. du Hays développe cette question de la manière suivante :

L'étendue totale des terres drainées dans l'arrondissement, jusqu'à ce jour, a été de 434 hectares 80 ares, dont 218 hectares 45 ares en prairies, et 216 hectares 35 ares en terres labourables. Pour connaître le prix de revient par hectare, il est indispensable d'entrer dans quelques détails qui pourront, je le crois, avoir quelqu'intérêt. Deux systèmes de drainages sont en regard dans le Perche : tous deux ont des prix de revient différents ; il est donc bon de faire le relevé des travaux opérés d'après chacune des deux méthodes, et de prendre ensuite une moyenne.

L'une des deux écoles a pour chef M. Thibout-Houdellierre ; l'autre a pour guides plusieurs praticiens dont le nom est aussi connu avantageusement dans le drainage.

La première consiste à donner aux collecteurs le maximum de pente, et aux drains secondaires la pente la plus transversale possible, de manière à imprimer à l'ensemble une vitesse d'écoulement, constamment croissante, du point d'arrivée au point d'évacuation, et à rendre ainsi tout dépôt de matières étrangères impossible. Le drainage se trouvant ainsi établi transversalement aux pentes, la pesanteur de l'eau et son écoulement naturel se portent nécessairement vers les drains et s'ajoutent à l'action du drainage. Ce mode permet donc d'espacer beaucoup plus les drains entre eux, et d'en employer conséquemment beaucoup moins. On estime cette économie à un tiers environ.

La seconde, au contraire, consiste à donner aux drains secondaires le maximum de pente et à établir les collecteurs dans les parties les plus basses, par conséquent

avec une moindre pente. On l'accuse de présenter de
graves inconvénients, et principalement de tirer l'eau exclusivement de côté et perpendiculairement à la pente.
On ne peut guère, dans ce système, espacer les drains à
plus de 10 à 12 mètres que dans des cas très-rares, et à
la condition de grandes profondeurs qui deviennent un
surcroît de dépense. La distance la plus fréquente est 8
à 10 mètres.

Quant au premier système, son maximum de dépense
consiste à mettre les drains à 10 ou 12 mètres de distance;
sa moyenne est de 15 à 20, et le drainage qui en résulte
est incomparablement plus énergique.

Voici les divers prix de revient et les quantités employées.

A 10 mètres d'intervalle, le collecteur compris, il faut
par hectare 110 mètres environ ;—à 12 mètres, 850 ; — à
15 mètres, 720 ; — à 20 mètres, 580.

Ce qui donnerait, par hectare, le prix de revient suivant, ce prix étant, pour les prés et herbages, de 32 à
35 centimes le mètre courant, et pour les champs, qui
sont généralement plus difficiles à drainer, de 36 à 40
centimes le mètre courant.

A 10 mètres, de 33 à 38 centimes : herbages, 360 fr.;
labour, 418 fr.

A 12 mètres, de 33 à 38 centimes : herbages, 280 fr.;
labour, 323 fr.

A 15 mètres, de 33 à 38 centimes : herbages, 237 fr.;
labour, 274 fr.

A 20 mètres, de 33 à 38 centimes : herbages, 191 fr.;
labour, 220 fr.

Or, comme dans les 434 hectares 80 ares drainés, M.
Houdellierre en a drainé pour sa part 349 hectares, dont

195 hectares 5 ares en prés et 153 hectares 95 en labour ;
que l'autre école n'en a drainé que 85 hectares 80 ares
environ, dont 59 hectares 75 ares environ en labour, et
26 hectares 5 ares environ en pré ; il en résulte que, pour
avoir le prix moyen de revient, il faut fixer presque tous
les drainages à la distance de 15 mètres, qui est celle de
M. Houdellierre, et presque tous les prix au chiffre moyen
de 35 centimes, qui est également le sien. Le prix de revient est donc, en moyenne, de 100 fr. ; la nature des
fonds qui le reçoivent, de 255 fr.

L'augmentation de rendement produite par le drainage varie autant que les prix. Souvent, de fonds de nulle
valeur, on voit surgir des herbages de première qualité
qui décuplent largement la valeur primitive. Mais, pour ce
qui concerne les bons fonds, que l'eau macérait ou
gênait dans leur production, on obtient généralement,
comme moyenne, un tiers en plus. Ainsi, un herbage
non drainé qui engraissait 10 bœufs en engraissera bien
15, une fois drainé ; un hectare qui produisait 200 fr. de
revenu en produira 300 environ. Le rendement est donc
30 pour cent de la dépense, ce qui met les résultats de la
pratique d'accord avec les données de la statistique. Pour
ce qui concerne les propriétaires les plus avancés pour le
drainage, nous en parlerons à la fin de l'enquête, au
nº. 22.

M. Houdelierre dit que, dans l'arrondissement de Mortagne, on a drainé 213 hectares de prés et 211 hectares
de terres.

On estime que l'amélioration du terrain est d'un tiers
de sa valeur.

Le prix moyen est de 250 fr. l'hectare. Le frêne et
l'orme sont les arbres les plus à craindre pour les ob-

structions : ils vont chercher les tuyaux jusqu'à 20 mètres.

Les plantes aquatiques font aussi des obstructions qu'on peut éviter, en partie, en employant de petits tuyaux dans lesquels l'air circule moins.

On a remarqué que, dans un herbage frais en partie drainé, les bestiaux allaient se coucher de préférence sur la partie drainée.

M. Vivien ajoute les réflexions suivantes, pour le canton de L'Aigle.

Le drainage n'a encore été pratiqué que bien peu dans notre canton, et cependant c'est évidemment la plus importante, la plus utile, je dirai même la plus indispensable des améliorations pour notre sol imperméable et notre climat humide et froid. Sans le drainage, les marnages produisent moins d'effet, et les chaulages sont pour ainsi dire sans résultat ; et cependant, nos terres ont le plus grand besoin de calcaire. Malheureusement, la nature argileuse, tenace, et la grande quantité de silex et de grison que renferme notre sous-sol, élèvent le prix du drainage à un chiffre bien fort, qui atteint souvent 40 centimes le mètre et quelquefois jusqu'à 50 centimes.

13°. QUESTION. — *Quel est le rendement, à l'hectare, des diverses cultures pratiquées dans l'arrondissement ?*

« Voici les rendements moyens, par hectare, des diverses cultures :

Froment, 12 hectolitres, et 27 quintaux métriques de paille ;

Seigle, 10 hectolitres, 25 quintaux ;

Méteil, 12 hectolitres, 27 quintaux 1/2 ;

Orge, 13 hectolitres, 12 quintaux ;

Avoine, 13 hectolitres. 14 quintaux ;

Pommes de terre, 320 hectolitres ;

Légumes secs, tels que haricots, pois, vesces, lentilles, etc., 8 hectolitres ;

Betteraves, 800 hectolitres ;

Chanvre, 6 hectolitres 10 litres de graine, 3 quintaux 1/4 de filasse ;

Prairies naturelles irriguées, 35 quintaux métriques de foin et de regains ;

Prairies naturelles, non irriguées, 27 quintaux métriques de foin et de regains ;

Prairies artificielles, 35 quintaux métriques de foin et de regains. »

M. de Chasot pense que cette note a été faite pour la statistique, et que les rendements sont probablement trop faibles.

M. Vivien ajoute que les terres arables peuvent rendre, en moyenne, de 12 à 13 hectolitres à l'hectare ; qu'on peut établir 3 classes de terres dans le canton de L'Aigle, et 2 seulement dans le canton de Mortagne.

Dans le canton de L'Aigle, le rendement serait :

   pour le blé, de 12 hectolitres à l'hectare ;

   pour l'avoine, 11 hectol. à l'hect. ;

   pour le trèfle et la luzerne, 4,000 kilogr.

   pour les betteraves, 30,000 kilogr. à l'hect.

14ᵉ. QUESTION. — *Y a-t-il eu, depuis 1836, un progrès sensible dans l'architecture rurale, dans la construction et la distribution des maisons de fermes et des bâtiments d'exploitation qui s'y rattachent ? Quels sont les plus notables ?*

M. Mazier lit une note, de M. Bouchard-Huzard, qui

paraît remonter à une époque trop éloignée de notre temps :

« Les progrès opérés depuis 1836, dans les constructions rurales sont très-notables : il suffit, pour s'en convaincre, de visiter les fermes nouvellement bâties ou restaurées depuis cette époque. Cependant, pour ce qui concerne les écuries et les étables, il reste encore beaucoup à faire sous le rapport de la lumière, de l'aération et de l'écoulement des purins. La ferme la mieux construite de tout l'arrondissement, celle dont les bâtiments sont le mieux tenus, c'est la *Cornillière près L'Aigle, appartenant à* M. BOURGET. Cette ferme mérite une étude.

En résumé, il y a du progrès dans l'aménagement et l'établissement des constructions rurales.

On fait des meules dans le Perche ; on n'en fait pas dans le canton de L'Aigle. »

M. Cécire pense qu'on pourrait battre immédiatement après la récolte et mettre la paille en meule ; mais alors elle ne serait plus aussi bonne pour le mouton, parce que les souris se mettraient aussi bien dans la paille que dans une meule de blé.

M. Mercier observe que les souris ne se mettent pas dans la paille qui est sortie du râtelier de la bergerie, parce que le mouton a mangé tous les épis et les grains laissés par le battage.

M. Vivien ajoute, de son côté, que, excepté dans quelques fermes en progrès, les bâtiments ruraux sont restés ce qu'ils étaient. Cependant, les cultivateurs commençant à donner de l'extension aux cultures fourragères, les bâtiments destinés à les contenir, ainsi que les étables et les bergeries deviennent de plus en plus insuffisants ; et il a bien fallu en agrandir quelques-uns ou en construire quelques nouveaux. Ces derniers sont généralement édifiés comme les anciens, mais dans des proportions plus grandes de largeur et de hauteur et avec plus d'ouvertures; en un mot, dans des conditions de bienêtre et de salubrité plus grandes. La Commission des fermes nous signalera quelques honorables exceptions.

M. de Caumont lit un mémoire adressé sur ce sujet par M. Bouchard-Huzard, membre de l'Association.

MÉMOIRE DE M. BOUCHARD-HUZARD.

L'arrondissement de Mortagne comprend un territoire que l'on peut diviser, sous le rapport agricole et spécialement au point de vue des constructions rurales, en deux parties :

La première division comprendra, si l'on veut, cette portion de l'ancien Perche qui environne Mortagne et Bellême; on y trouve très-peu, et même point de grandes exploitations, c'est-à-dire de celles où l'étendue des terres permet au cultivateur de surveiller ses ouvriers sans se livrer lui-même au travail manuel; mais on y rencontre beaucoup de moyennes exploitations, c'est-à-dire de celles où le cultivateur travaille par lui-même, tout en employant des hommes sous ses ordres, et encore plus de petites exploitations où tout le soin de la culture repose sur les bras de la famille du cultivateur. Les constructions nécessitées par les besoins de la culture, dans ces deux sortes d'exploitations, sont en général agglomérées, trop agglomérées même; cependant, depuis une vingtaine d'années, un progrès très-sensible se manifeste dans la disposition et dans le mode de construction des bâtiments ruraux, et principalement de l'habitation du cultivateur. Et vraiment, c'était une amélioration bien désirable.

Aujourd'hui, l'emploi de la pierre pour les bâtiments ruraux a permis de leur donner plus d'élévation, sans que les frais de construction soient beaucoup augmentés ; aussi sont-ils généralement mieux établis : les maisons d'habitation sont percées de fenêtres plus grandes qu'autrefois ; l'aire est pavée en carreaux de terre cuite et, en général, dans les fermes moyennes surtout, une chambre ou au moins un cabinet est placé à côté de la pièce principale de la *maison manable*, et destinée aux filles du fermier et aux ouvrières qu'il emploie. Ce qu'on pourrait recommander serait d'établir le pavage au-dessus du sol environnant, à une hauteur de 0 m. 60 à 1 mètre, avec un petit escalier ou perron extérieur ; c'est un des meilleurs modes d'assainissement qu'on puisse adopter.

Quant aux logements des animaux domestiques, on y remarque aussi une amélioration depuis une vingtaine d'années ; mais cette amélioration pourrait être encore bien plus complète : ainsi les écuries sont généralement trop basses, les étables trop étroites pour le nombre des animaux qu'on y renferme ; les unes et les autres sont dépourvues de fenêtres d'aération, et c'est là une des causes, plus fréquentes qu'on ne le croit, des épizooties ou au moins des affections maladives de nos bestiaux. Les bergeries, si peu nombreuses dans le Perche, où l'élevage de la race ovine peut encore être un sujet de controverse au point de vue économique, les bergeries ont encore plus besoin de moyens d'aération ; c'est pour elles surtout que l'on doit recommander l'établissement de cheminées de ventilation, analogues à celles que nous avons indiquées dans notre *Traité de construction rurale* et dont on peut voir quelques exemples dans une petite ferme (Les Petits-Chênes) que nous avons fait construire dans la commune de St.-Hilaire-sur-Erre (Orne). Enfin , les porcheries , ou plutôt les toits à porcs, qu'on établissait autrefois avec quelques planches et quelques pieux, recouverts eux-mêmes par un tas de bourrées ou de fagots de paille , commencent à être établis d'une manière plus convenable. On devrait , toutefois, les éloigner davantage de la maison d'habitation, y établir une auge disposée de telle sorte que l'on pût donner à manger au porc sans entrer dans sa bauge, et y adjoindre une petite cour où les animaux puissent se promener en liberté, soit isolément, soit ensemble.

Les granges sont, dans le Perche, les bâtiments les mieux établis que l'on puisse rencontrer dans les exploitations rurales; on voit de très-belles constructions à usage de grange dans les anciennes fermes, et on n'a eu qu'à les imiter pour les nouvelles. Peu et même point de progrès à signaler à cet égard, et il n'y en a peut-être point d'autre à désirer qu'un peu d'exhaussement du sol au-dessus du terrain environnant, et une capacité un peu plus grande, que réclame l'extension donnée chaque jour à la production du sol. Cette observation doit s'appliquer également aux fenils, dont les prairies dites *artificielles* ont accru la nécessité sous notre climat pluvieux.

Enfin, il y a une sorte de construction rurale qui est presque toujours trop peu spacieuse dans nos fermes, ce sont les hangars. Leur utilité n'a guère besoin d'être rappelée : abri pour les voitures, pour les charrues, pour les petits instruments; transformation en grange provisoire ou supplémentaire, en fenil temporaire, en bergeries, en étables même pendant quelques semaines. L'établissement de hangars d'une étendue un peu supérieure à celle que nécessite l'exploitation est souvent pour le cultivateur une cause de bénéfices, en lui évitant les pertes que lui eussent fait subir les mauvaises saisons.

La seconde division de l'arrondissement de Mortagne comprendra, si l'on veut, cette portion de l'ancienne Normandie qui environne la ville de L'Aigle; le mode d'exploitation y est un peu différent de celui du Perche, c'est-à-dire qu'on y rencontre fréquemment la grande culture. Aux bâtiments employés dans les petites et dans les moyennes fermes, s'appliquent les observations que nous avons consignées ci-dessus pour les exploitations du Perche. Mais, dans les grandes fermes, existe un mode spécial de disposition des bâtiments; il consiste dans l'*éparpillement* des constructions sur une surface considérable de terrain, qui varie depuis un jusqu'à cinq ou six hectares; c'est ce que l'on appelle un *parc*, sorte d'herbage clos, incliné le plus souvent. Dans la meilleure des dispositions adoptées, la maison d'habitation est au point culminant; les étables, les écuries, les granges sont espacées à une certaine distance les unes des autres, mais toutes sont construites isolément de manière à pouvoir être entourées de claies qui constitueraient, au besoin, pour chacun des bâtiments une cour spéciale.

Si cette disposition présente quelques avantages, par exemple, si elle s'oppose à la propagation d'un incendie, quelquefois à la contagion d'une épizootie, si elle facilite la répartition des services et des attributions des ouvriers, en revanche, elle offre des inconvénients qui devront la faire rejeter: une assez grande portion de terrain, nécessaire aux communications d'un bâtiment à un autre, est perdue pour la culture; les frais de construction sont plus considérables pour des bâtiments isolés que pour des bâtiments contigus; enfin la surveillance du chef rendue plus difficile, d'abord par la distance qu'il doit parcourir pour aller d'un bâtiment à un autre, et ensuite parce que l'employé paresseux, inattentif ou même fautif, voyant de loin venir le maître, a le temps de se mettre en état de dissimuler sa faute. D'ailleurs, les avantages que présente cette disposition peuvent être compensés, dans l'établissement de bâtiments plus rapprochés, par un contrat d'assurance avec une bonne compagnie contre les risques d'incendie, par la construction d'étables bien ventilées, par des attributions bien distinctes données par le maître aux gens de service; enfin par l'exercice d'une surveillance qui doit bien moins s'arrêter, dans un établissement rural que dans un établissement industriel même, à cause des animaux qui y sont entretenus et qui peuvent faire naître des circonstances impossibles à prévoir.

Aussi, à l'exemple de quelques propriétaires qui ont abandonné ce mode de disposition pour leurs fermes, nous engagerons les constructeurs à choisir un plan dans lequel les bâtiments soient plus rapprochés.

Nous aurons à cet égard, et pour les grandes exploitations, à leur indiquer le mode de disposition *extensible* que nous avons décrit dans notre ouvrage et dont nous avons fait l'exposition au *Congrès des délégués des Sociétés savantes* fondé par l'honorable M. de Caumont, dans sa session de 1861.

M. Émile Pelletier dit que, dans la partie méridionale de l'arrondissement, l'état des constructions rurales est généralement meilleur que celui signalé par M. Bouchard-Huzard. Les granges nouvellement construites ne le cèdent

en rien aux anciennes pour les dispositions intérieures,
et surtout pour la largeur et la hauteur; dans les anciennes granges, la voiture ne pouvait entrer dans l'aire,
et si, aujourd'hui, cet avantage s'y rencontre, c'est ordinairement par suite d'une amélioration postérieure à la
constr..ction. A part quelques appréciations inapplicables
au sud de l'arrondissement, M. Émile Pelletier reconnaît
avec M. Bouchard-Huzard que de grands progrès restent
encore à faire au point de vue de la régularité, de la
commodité et de la salubrité des constructions rurales
du pays.

15ᵉ. QUESTION. — *Les instruments aratoires perfectionnés
les nouvelles machines agricoles, ont-ils été introduits dans
l'arrondissement?*

On a introduit seulement des machines à battre et quelques charrues améliorées, des scarificateurs et des houes
à cheval. Les faucheuses de M. le docteur Mazier ont
fonctionné dans quelques exploitations.

16ᵉ. QUESTION. — *Quel est, en général, le nombre d'années
pour lequel les baux sont contractés dans l'arrondissement?*

Auprès de L'Aigle, les baux sont de 3, 6 ou 9 ans.

Auprès de Mortagne, on en fait de 12 ans.

Les fermiers demandent de longs baux, afin de pouvoir
entreprendre des améliorations. Au commencement de
son bail, un fermier exécute un marnage dont l'effet dure
12, 15 ou 20 ans; il demande un bail qui lui permette
d'user sa marne et de se rembourser de toutes ses avances.

Le Secrétaire,

DESVAUX-SAVOURÉ.

SÉANCE DU VENDREDI 19 JUILLET.

Présidence de M. DE CHASOT.

A neuf heures la séance est ouverte, sous la présidence de M. DE CHASOT, député au Corps législatif, président du Comice agricole de l'arrondissement.

Sur l'invitation de M. le Directeur, le bureau se compose de MM. DE CAUMONT, DE LA SICOTIÈRE, MASSIOT, HUREL-MASSON et LE BLANC.

M. MORIÈRE remplit les fonctions de secrétaire.

M. le Président commence par réclamer la bienveillance de l'Assemblée et il annonce que l'on va continuer l'enquête agricole qui s'est arrêtée, dans la séance de la veille, après la discussion de la 16ᵉ. question du programme.

Il donne lecture de la 17ᵉ. question, qui est ainsi conçue :

17ᵉ. QUESTION. — *A-t-on fait quelques essais de pisciculture dans l'arrondissement? Quelles sont les espèces de poissons sur lesquelles on devrait agir de préférence?*

Il résulte des réponses de plusieurs membres qu'aucun essai de pisciculture n'a été tenté dans l'arrondissement de Mortagne; les poissons les plus communs et les meilleurs sont la carpe, la tanche, la truite et le brochet.

Dans des eaux similaires à celles du canton de L'Aigle et coulant sur un même sol, M. du Hays a vu M. Coste, à Resenlieu, près Gacé, tenter un essai qui a parfaitement réussi. Des œufs de truite, éclos sous ses yeux il y a trois ans, ont donné des poissons d'une venue remarquable. Il a assisté, le 15 juin dernier, à une pêche qui a donné des truites longues de 18 à 20 centimètres et complètement saumonnées, bien que la pièce d'eau qui les contenait fût sur un sol argileux.

On cite les expériences faites par M. Mouchel à Thillières (Eure), non loin de L'Aigle, et qui portent aujourd'hui exclusivement sur les truites, les autres espèces de poissons n'ayant pas donné de résultats satisfaisants. M. de Caumont a visité cet établissement il y a quelques années, en compagnie de MM. Bordeaux et le vicomte de Pommeren : il en a parlé dans l'*Annuaire* de l'Association normande. Il paraît que plusieurs truites ont acquis un poids de 3 kilogrammes, en quatre années, dans les réservoirs de M. Mouchel.

M. d'Épinneville, membre de l'Association normande, à Ticheviille, près Vimoutiers, s'occupe aussi de pisciculture.

L'Assemblée émet le vœu que des expériences de pisciculture soient faites sur plusieurs points de l'arrondissement de Mortagne.

On passe à l'étude de la 18e. question.

18e. QUESTION. — *Moyens de propager l'enseignement primaire agricole.*

M. de Caumont croit que l'on arrivera promptement et facilement à organiser l'enseignement de l'agriculture dans les écoles primaires, s'il se rencontre dans chaque canton, ou même dans chaque arrondissement, un homme qui veuille s'occuper sérieusement de cette question, visiter les instituteurs, leur distribuer les livres élémentaires donnés par l'Association, et surtout l'excellent ouvrage de M. Bodin, de Rennes ; — faire, de temps à autre, des inspections dans ces écoles pour constater les progrès réalisés et provoquer des récompenses pour les instituteurs les plus méritants. — Il rapporte les résultats obtenus par M. du Poërier de Portbail, de Valognes, qui est parvenu à organiser l'enseignement agricole dans dix-sept écoles de son arrondissement ; les réponses des élèves, que M. du Poërier a eu l'occasion d'interroger plusieurs fois, ont été tellement satisfaisantes qu'il a sollicité de l'Association normande, pour les instituteurs, des médailles en bronze et en argent qui ont été décernées, l'an dernier, au concours de Valognes. Il propose encore à l'Association d'accorder une médaille de bronze à l'instituteur de St.-Germain-des-Vaux, dont il n'avait pu jusqu'ici visiter l'école.

Cette médaille est accordée par l'Assemblée, sur le rapport favorable de M. de Caumont.

M. le Directeur de l'Association fait remarquer que le zèle de M. du Poërier de Portbail ne s'est pas restreint à l'arrondissement de Valognes : par ses soins, l'enseignement agricole a été organisé, cette année, dans les écoles de six communes de l'arrondissement de St.-Lo.

M. de Caumont a lui-même essayé cette distribution de livres élémentaires d'agriculture dans le département du Calvados ; il cite plus particuliérement les écoles de Damblainville, de St.-Pierre-sur-Dives et de Mesnil-Mauger ; l'inspecteur primaire de l'arrondissement de Falaise ayant fait un rapport favorable sur les résultats de l'enseignement agricole dans la première de ces écoles, M. de Caumont propose d'accorder à l'instituteur de Damblainville une *mention honorable*. Cette mention est approuvée.

M. Massiot annonce avoir distribué dans diverses écoles de l'arrondissement de Mortagne les livres d'agriculture qu'il a reçus de M. de Caumont, et que les résultats ne se sont pas fait attendre. Dans un rapport détaillé, destiné à être lu en séance publique, il fera connaître plusieurs instituteurs pour lesquels il sollicitera de l'Association des récompenses qui lui semblent parfaitement méritées. Il cite entr'autres l'instituteur de Regmalard, chez lequel trente-six élèves ont donné des réponses satisfaisantes. M. Boniteau, de St.-Sulpice-sur-Rille, près L'Aigle, a montré le même zèle que l'instituteur de Regmalard, et il a obtenu, comme son confrère, des résultats remarquables pour le peu de temps consacré à l'enseignement des notions élémentaires d'agriculture.

M. Massiot voudrait qu'outre les livres d'agriculture qui donnent des principes généraux convenant à toutes les localités et à tous les sols, il fût préparé, par des hommes compétents, des livres applicables aux besoins des divers cantons. Cette espèce de catéchisme agricole pourrait être composé en s'appuyant sur les faits constatés par l'Association dans les enquêtes qu'elle ouvre, chaque année, sur les principaux points de la Normandie. De pareils livres auraient le mérite de renfermer des idées parfaitement pratiques, — de rendre les conseils donnés tout-à-fait réalisables.

M. de La Sicotière fait observer que les opuscules agricoles publiés par M. Morière réunissent, précisément, les avantages que réclame avec raison M. Massiot; ce sont de petits traités classiques et pratiques à la fois, pouvant être mis avec un égal fruit dans les mains des maîtres et des élèves. Il serait à désirer que M. Morière continuât l'œuvre qu'il a commencée, et qu'il l'étendît aux principaux points de l'économie rurale de la Normandie et des industries agricoles les plus importantes.

M. Émile Pelletier, reprenant l'idée émise par M. Massiot, relative aux petits livres rédigés en vue de la culture spéciale du canton ou de l'agglomération de cantons ayant une culture semblable, insiste sur l'utilité d'une pareille mesure.

Ces petits traités auraient, selon lui, une influence d'autant plus grande, qu'ils devraient être le fruit de l'expérience des cultivateurs les plus renommés de la contrée, et pourraient être approuvés par le Comice de l'arrondissement.

M. Pelletier ne pense pas que les instituteurs doivent beaucoup s'occuper de la pratique agricole, avant comme après leur sortie de l'École normale : un enseignement théorique peut leur suffire. Leur rôle, en effet, ne doit consister qu'à enseigner et à développer théoriquement le texte d'un traité tout simple et tout élémentaire ; et, s'il leur faut la connaissance des bons auteurs agricoles, ils n'ont point également besoin d'un savoir professionnel spécial.

M. de La Sicotière croit qu'il ne faut pas seulement s'adresser aux instituteurs, si l'on veut organiser convenablement l'enseignement primaire de l'agriculture dans nos campagnes, mais bien commencer par les écoles normales. Si l'on veut que les instituteurs et, par suite, leurs élèves ne s'adonnent pas à l'étude servile du texte du livre, il faut commencer par organiser l'enseignement agricole dans les écoles chargées de former les instituteurs ; il faut que cet enseignement soit encouragé par l'administration ; et malheureusement les tentatives faites dans ce sens ont plutôt été blâmées par les inspecteurs et par les conseils académiques ou départementaux.

M. Morière rapporte ce qui se passe dans les départements du Calvados et de la Seine-Inférieure. Les instituteurs sont invités par l'Administration académique à suivre ses conférences, et ils y viennent en grand nombre. Il croit que les faits signalés par M. de La Sicotière dans le département de l'Orne ne se reproduiront pas, et que les administrations départementales et académiques cherchent, au contraire, dans le moment actuel, à introduire l'enseignement agricole sur une échelle convenable à l'école normale d'Alençon.

M. de La Sicotière confirme ce que vient de dire M. Morière et annonce que le département de l'Orne est en train de faire l'acquisition de terrains, destinés à servir de champ d'expérience aux élèves de l'école normale.

M. Joigneaux comprend que des inspecteurs primaires se soient opposés à l'enseignement de l'agriculture dans les écoles primaires : le cultivateur n'admettra pas facilement, en effet, que l'instituteur de la commune vienne lui donner des leçons d'agriculture ; mais, si l'on ne peut entrer par la porte, il faut passer par la fenêtre et commencer par enseigner l'horticulture, afin d'arriver plus tard à l'agriculture : en voyant dans le jardin de l'école des résultats si différents de ceux qu'il obtient chez lui, le cultivateur sera moins disposé à révoquer en doute le savoir de l'instituteur et il finira par suivre ses conseils en agriculture, comme en horticulture. M. Joigneaux, en émettant cette opinion, s'appuie sur sa propre expérience. Ayant voulu introduire l'enseignement agricole en Belgique, il échoua dans ses premiers essais, parce qu'il avait commencé par la grande culture. C'est alors que, dans la province de Namur, il s'occupa de donner aux instituteurs des notions d'horticulture et de leur enseigner surtout des choses parlant aux yeux de tout le monde, telles que la greffe. Quinze jours lui ont suffi pour enseigner les principes généraux, et aujourd'hui tous ces instituteurs professent, et les enfants qui fréquentent l'école rapportent dans la famille des connaissances horticoles dont les parents comprendront l'utilité, en même temps qu'ils sont préparés par là à accepter avec confiance les notions d'agriculture qu'on voudra leur enseigner.

M. de Caumont ne partage pas la manière de voir de M. Joigneaux, parce que, depuis 25 ans déjà, on a préconisé l'enseignement de l'*horticulture pour arriver à l'enseignement agricole;* mais on n'a pas fait un pas de plus et on est, dans certains départements, satisfait des beaux légumes obtenus par quelques instituteurs sans demander autre chose à ces fonctionnaires. Ces honorables professeurs croient avoir rendu des services à l'enseignement agricole quand ils ont produit de beaux choux et de grosses citrouilles : cela ne suffit pas. M. de Caumont croit qu'il est urgent d'aborder franchement l'étude de l'agriculture dans les écoles primaires. Il cite certains instituteurs qui s'occupent beaucoup trop de ce que leur jardin leur rapporte, et qui font consister trop souvent les leçons d'horticulture dans des travaux de défrichement auxquels ils fatiguent inutilement leurs élèves.

M. Joigneaux maintient ce qu'il a dit ; il voudrait que l'instituteur s'occupât à la fois d'horticulture et d'agriculture; la vérité aux jardins est aussi la vérité aux champs.

M. Pelletier a remarqué que la plupart des instituteurs qui font des leçons d'horticulture donnent, en même temps, à leurs élèves des notions d'agriculture. Il ajoute que, loin de s'exclure, ces enseignements se prêtent un mutuel appui : il a vu récemment, lors de la visite agricole de l'arrondissement, que les élèves les plus forts dans leur classe ont répondu le mieux sur l'agriculture, et que les meilleures écoles étaient celles qui avaient accepté l'enseignement de l'agriculture; il en conclut que l'enseignement agricole ne peut nuire en rien à l'instruction des enfants.

M. d'Estaintot appuie les idées de MM. Joigneaux et Pelletier : un instituteur peut rarement disposer d'un champ pour des expériences agricoles, tandis qu'il y a toujours, attenant à la maison d'école, un jardin dans lequel il fera d'une manière fructueuse quelques expériences d'horticulture qui lui serviront à gagner la confiance du cultivateur, plus disposé alors à profiter des leçons d'agriculture auxquelles il assistera.

M. Prétavoine constate qu'il y a, dans les observations qui viennent d'être faites par plusieurs membres, d'excellentes choses se contrariant beaucoup moins qu'on ne pourrait le croire au premier abord. Il est certain que les instituteurs n'ont pas une grande influence sur les cultivateurs, et alors il est bon qu'à l'appui de leurs conseils ils citent des faits qui peuvent leur être fournis par l'horticulture. Il croit qu'un bon enseignement de l'horticulture serait très-utile dans les campagnes, pour servir de base à des expériences de culture. Pour cette partie de l'économie rurale, l'instituteur sera toujours mieux écouté que lorsqu'il parlera des races d'animaux ou de la direction d'une exploitation. Avant tout, commençons par mettre entre les mains des instituteurs de bons livres élémentaires d'agriculture et, autant que possible, des livres traitant de pratiques agricoles suivies dans chaque localité.

M. Joigneaux revient sur l'utilité du jardinage au point

de vue des pratiques agricoles. C'est ainsi que, dans la
province de Namur, il a pu démontrer par les jardiniers
les bons effets du purin et organiser, avec une somme de
500 francs accordée par le gouvernement belge, six expo-
sitions horticoles des plus remarquables.

M. Mabire fait observer que le nerf de tout c'est l'argent, et qu'il sera facile d'intéresser les instituteurs à
l'enseignement agricole, si une indemnité vient augmenter
le traitement de ceux qui auront ajouté aux matières ordinaires de leur programme quelques notions d'agriculture.

M. de Caumont demande à M. de La Sicotière s'il est
vrai qu'un champ destiné à des expériences d'agriculture
doive être annexé à l'école normale d'Alençon. M. de La
Sicotière répond que le Conseil général a voté une somme
destinée à cet objet ; que le champ est acheté et que les
expropriations se poursuivent. Il ne peut indiquer d'une
manière certaine quelle affectation on donnera à ce terrain : une portion sera probablement consacrée à l'établissement d'une pépinière, dans laquelle des sujets
choisis parmi nos meilleures variétés d'arbres à fruits,
pourraient être pris pour être ensuite distribués aux curés
et aux instituteurs ; une autre portion sera destinée à des
expériences d'agriculture. L'effet de ce jardin sera d'ailleurs combiné de manière à s'harmoniser avec le jardin
de la préfecture.

M. d'Estaintot ne repousse pas les indemnités deman-
dées par M. Mabire pour les instituteurs s'occupant d'agriculture, ni les distributions gratuites d'arbres, de graines ;
mais il croit que, dans une pareille question, l'amour-
propre doit venir en aide à l'argent et que des médailles
distribuées chaque année contribueront, pour une large

part, aux résultats que l'Association se propose d'obtenir.

19°. QUESTION. — *Comment les bibliothèques rurales devront-elles être composées? Comment seront-elles administrées pour être utiles et pour concourir à l'instruction des habitants de la campagne et à leur progrès moral et matériel?*

M. Joigneaux ne croit pas à l'utilité des bibliothèques rurales : elles ne seront pas fréquentées ; il vaut mieux, selon lui, distribuer des livres que de former des bibliothèques.

Plusieurs membres font observer que, dans diverses communes où existent des bibliothèques rurales ouvertes le soir et le dimanche, ces bibliothèques sont fréquentées par un grand nombre de personnes et surtout d'ouvriers qui oublient ainsi le chemin du cabaret.

M. de Caumont croit à l'utilité des bibliothèques rurales comme moyen de moralisation et d'instruction ; mais il pense, en même temps, qu'il faudra restreindre la bibliothèque rurale à un petit nombre de volumes, 30 à 40 au plus, et y comprendre à la fois des livres de morale, de petits traités d'agriculture et des manuels se rapportant aux principales industries de chaque localité.

M. Joigneaux voudrait que l'on arrêtât le sujet des ouvrages destinés à former la bibliothèque rurale, et que ces sujets fussent mis au concours entre les diverses Sociétés savantes de France. Plusieurs membres désireraient qu'avant de s'occuper des bibliothèques rurales, on commençât par organiser les bibliothèques cantonales. MM. Mazier et de La Sicotière émettent le vœu que l'on établisse d'abord des bibliothèques dans les centres qui, comme la ville de L'Aigle, réunissent des agglomérations d'ouvriers; les bibliothèques cantonales, ajoute avec raison M. le Maire de L'Aigle, rapporteront beaucoup à l'intelligence et par suite à la société tout entière.

M. Pelletier pense qu'on ne pourra retirer d'une bibliothèque tous les bons effets qu'on est en droit d'en attendre qu'à la condition de prêter les livres et de les laisser emporter à domicile.

M. Joigneaux fait observer que l'établissement de bibliothèques communales n'empêcherait pas les distributions de livres dans les concours agricoles et industriels, et qu'on atteindrait plus promptement le but en réunissant ces deux moyens d'action sur les ouvriers.

M. de Caumont engage les inspecteurs de l'Association, pour l'arrondissement de Mortagne, à lui désigner quatre à cinq centres où les bibliothèques rurales sont appelées à rendre le plus de services. Ce choix est renvoyé à l'examen de la Commission des fermes.

20e. QUESTION. — *Ne deviendra-t-il pas nécessaire que l'instituteur communal, conservateur naturel de la bibliothèque dans bien des cas, préside à des lectures publiques du soir, dans certains jours?*

21e. QUESTION. — *Quels résultats pourrait-on obtenir de ces lectures dans les communes populeuses, dans les bourgs et surtout dans les chefs-lieux de canton?*

M. Catherine, instituteur communal, à Gonneville-sur-Honfleur, membre de l'Association normande, avait envoyé, sur ces questions et sur celles relatives à l'enseignement primaire agricole, un mémoire dont quelques passages sont communiqués.

NOTE DE M. CATHERINE.

« Dans un mémoire que j'ai adressé, au mois de février
« dernier, à M. Rouland, ministre de l'instruction pu-
« blique, après avoir parlé des avantages de l'ensei-
« gnement obligatoire dans les écoles primaires, je
« disais :

« L'instituteur peut alors donner un dernier cachet à
« son enseignement et le développer, même en vue de la
« position sociale que l'enfant doit occuper plus tard. S'il
« doit être cultivateur, lui donner des notions d'agriculture;
« s'il doit être menuisier, charpentier, maçon, lui ensei-
« gner le dessin, le toisé, à dresser un plan et à faire une
« facture et un devis, etc. Si c'est une petite fille, lui ap-
« prendre la couture, le tricot, et surtout ces notions
« d'économie rurale et domestique, si utiles plus tard à
« une bonne ménagère.

« Voilà de l'enseignement utile à la campagne, mais
« enseignement qu'avec toute la bonne volonté possible,
« l'instituteur ne peut donner avec le système actuel,
« parce qu'avant d'apprendre ces choses il faut au moins
« savoir lire, écrire et calculer. Et comment apprendre à
« lire et à écrire à des enfants qui manquent si souvent
« à l'école?

« Là est toute ma pensée. Il faudrait, pour que l'ensei-
« gnement professionnel eût un caractère d'actualité et
« d'intérêt réel, que, par l'assiduité, on pût diriger chaque
« élève, suivant ses facultés et ses vues particulières, vers
« une profession. On en fera ainsi un homme spécial,
« adroit et utile à la société.

« Au moment où le Gouvernement, justement impres-

« sionné de la part réservée à l'instruction par la loi de
« 1850, s'occupe de réformer cette loi, je n'ai pas à dis-
« cuter avec MM. les membres de l'Association normande
« les côtés faibles, les inconvénients, ni même les avan-
« tages de cette loi : je tiens seulement à exprimer
« mes idées touchant les questions posées au programme
« par le Comité d'administration et par le savant éminent
« qui le dirige.

« Je ne suis pas un homme exclusif, et, comme tel, il
« me serait pénible de forcer des enfants à tourner leurs
« regards vers l'agriculture lorsque leur jeune imagina-
« tion a rêvé une autre profession, un autre avenir. A
« eux la liberté de choisir, mais à l'instituteur celle de
« diriger leur jeune volonté, même au-delà du terme
« assigné à l'instruction, s'il est possible.

« Qui a produit tant de désertions dans les campagnes,
« depuis trente années ? Les facilités de communication
« d'abord, et ensuite le peu de soin qu'on a pris de
« guider ses habitants vers une profession qui leur con-
« vienne et de la leur faire aimer. Sans profession fixe,
« sans amour de cette profession, et, par conséquent,
« sans attachement au sol, leurs regards se sont tournés
« où le souffle du vent les a poussés. Tous eussent fait
« comme eux, et il n'y a pas à leur en vouloir.

« Attacher l'homme à la campagne, lui faire oublier la
« fiévreuse existence des villes ; lui faire perdre le sou-
« venir du lucre qui l'y attire si souvent et qui le mène,
« pas à pas, de l'amour du gain à l'ivrognerie et à la
« paresse : tel doit être le but de tout instituteur sensé et
« de toute Société philanthropique.

« Mais, pour arriver à ce but, prenons le chemin qui
« y mène sûrement, et ne nous laissons pas égarer dans

« le labyrinthe d'une position inextricable. On a mis
« jusqu'ici le remède à côté du mal. On a laissé les
« parents maîtres absolus de l'instruction de leurs enfants;
« puis on a rendu responsable le maître qui instruit, qui
« voit où est le mal, et qui a les bras liés, les désertions
« des écoles primaires étant si fréquentes que, règle
« moyenne, de 5 à 13 ans, l'enfant passe 3 ou 4 ans au
« plus à l'école et le reste chez lui.

« Le seul remède est, qu'on en soit bien convaincu,
« de rendre l'enseignement primaire obligatoire et pro-
« fessionnel.

« Voilà comment je comprends l'utilité de l'enseigne-
« ment, et son heureuse application aux usages de la vie.
« Hélas! qu'il y a loin de tout cela à ce qui se pratique
« actuellement! La banalité de l'enseignement primaire
« est depuis long-temps passée à l'état de routine; et il
« serait temps qu'on sortît de cette ornière. Le zèle des
« maîtres ne se refroidit pas pourtant; mais que peut
« faire le maître le plus intelligent et le plus capable
« contre le défaut d'assiduité?

« Je n'ai pas parlé des petites filles; mais l'on com-
« prendra aisément mon plan et mon but. Il faut que
« toutes aient des notions d'économie domestique; et je
« ne connais pas d'ouvrage mieux approprié à ces con-
« naissances que le petit Manuel de M. T. Chevalier,
« intitulé : *Simples instructions pour les jeunes filles de la
« campagne*. C'est un charmant petit livre, qui est destiné
« à devenir le *vade-mecum* des jeunes filles, dans les
« écoles primaires. Je fais des vœux pour sa propa-
« gation.

« Le reste maintenant m'est facile à dire : la couture,
« le tricot et en général tous les petits travaux né-

« cessaires à une femme, doivent être enseignés. On
« peut, d'ailleurs, embrasser avec plus de généralité les
« connaissances qui leur sont utiles ; car elles n'ont rien
« d'exclusif comme les connaissances professionnelles
« des garçons.

« Les professions sont si multipliées pour ceux-ci, que
« nous désirerions que de petits manuels, renfermant les
« connaissances nécessaires à chaque état, leur fussent
« remis. Dans ces petits livres élémentaires, chacun
« pourrait trouver ce qui peut l'intéresser et lui être
« utile. Mais ces livres n'existent pas pour toutes les
« professions. Espérons que quelque plume intelligente
« comblera cette lacune ! »

BIBLIOTHÈQUES RURALES.

« Il existe un homme, dans chaque commune, dont
« je veux taire les louanges, et l'on comprendra facilement
« pourquoi. Cet homme, qui est le représentant de l'auto-
« rité académique, doit être le gardien naturel et le con-
« servateur de la bibliothèque communale. Cela lui revient
« de droit ; et, quand cette chose ne lui serait pas natu-
« rellement dévolue, il la prendrait par dévouement. Je
« veux parler de l'instituteur.

« Mais comment l'instituteur s'y prendra-t-il ?

« Il commencera par faire une souscription ; il tâchera
« d'intéresser à son projet, non-seulement les habitants
« de sa commune, mais même les propriétaires fonciers
« absents. La commune, de son côté, ne pourra man-
« quer de venir en aide à cette utile entreprise, par
« une petite somme portée chaque année à son budget.
« On emploiera le montant des souscriptions en achat de

« livres ; et ce sera un petit noyau , qui, grossissant avec
« le temps, pourra devenir important avec une bonne di-
« rection. Les meilleures choses ont toutes ainsi commencé.

« Si tout cela ne suffit pas, voici un autre moyen , et
« ce moyen vaut peut-être mieux encore ; nous l'in-
« diquons à l'Autorité supérieure :

« Nommez une Commission administrative de la bi-
« bliothèque , sous la présidence du maire ; appelez,
« comme membres de la Commission , les plus gros pro-
« priétaires ou des personnes bienfaisantes de la localité :
« de cette manière , vous obtiendrez beaucoup.

*Comment les bibliothèques doivent-elles elles composées
pour être utiles ?*

« Il ne faut pas s'illusionner : le paysan français n'aime
« pas à lire, quoique curieux au dernier point ; s'il est
« même un peu instruit, il ne lit pas. Il n'y a pas bien
« des années encore que celui qui avait des livres passait,
« dans certains cantons arriérés , pour dangereux.

« Si j'avais un conseil à donner pour les bibliothèques
« communales , je dirais : Ne soyez pas exclusifs ; ayez
« un peu de tout. N'envisagez pas une seule chose à la
« fois, mais dix, s'il le faut. Les ouvrages les plus futiles ,
« quand ils n'auraient pour effet que d'éloigner de la
« débauche et de l'ivrognerie, sont déjà une grande chose.
« Et puis, ce qui plaît à l'un déplaît à l'autre. Il ne faut
« pas s'en étonner : si les hommes pensaient également,
« ils ne pourraient s'entre souffrir. Puis, une chose futile
« prédispose à une chose plus sérieuse.

« Pour devenir un bon directeur de bibliothèque , il
« faut un tact tout particulier. Il faut entretenir ses lec-
« teurs, les intéresser, les exciter même à la lecture,
« sans toutefois leur donner de conseils. L'aménité des

« manières fait alors beaucoup plus que les meilleurs
« raisonnements débités avec froideur.

« Les ouvrages utiles, c'est-à-dire les ouvrages d'agri-
« culture ou des manuels pour les diverses professions,
« doivent marcher en première ligne, et être acquis en
« plus grand nombre. Quant aux autres livres, comme il
« y a des ouvrages moraux dans tous les genres de litté-
« rature, on doit en prendre partout.

« Je trouve qu'il serait bon, utile et nécessaire même
« que l'instituteur fît des lectures le soir, dans certains
« jours, pour l'avancement intellectuel et moral des
« habitants des campagnes ; mais la chose ne laisse pas
« d'être assez difficile et voici pourquoi :

« Il faut avoir beaucoup de talent, infiniment de talent
« et surtout avoir la parole en main, pour qu'on puisse
« intéresser et que la chose ne tourne pas à la monotonie.
« Si elle devient monotone, elle sera ennuyeuse; si l'on
« cède à l'ennui, que l'on bâille, le dernier tiraillement
« sera le coup de grâce de ces lectures : elles tomberont.

« Maintenant sont-elles toujours possibles ces lectures ?
« Dans un très-grand nombre de cas, la question doit
« se résoudre par la négative.

« Dans les communes populeuses et dont la popula-
« tion est agglomérée, oui ; car elles sont destinées,
« outre leur utilité, à rompre la longueur souvent en-
« nuyeuse des soirées d'hiver, en procurant une distraction
« agréable. Mais, dans les petites communes, où la popu-
« lation est éparse, lorsque les temps sont mauvais (car
« on ne le peut faire qu'après les travaux du jour), quelles
« personnes voudront s'astreindre à faire deux kilomètres
« chaque jour, et de nuit, pour entendre une lecture?
« On le comprendra aisément. la chose est impossible.

« Qu'on me permette maintenant quelques réflexions.
« Les bienfaits de la lecture sont de trois sortes, outre
« l'agréable distraction qu'elle produit : les bienfaits ma-
« tériels, intellectuels et moraux.

« Les bienfaits matériels ne peuvent résulter que d'appli-
« cations matérielles. Les livres d'agriculture, par exemple,
« peuvent produire ces bienfaits. Qu'un cultivateur intelli-
« gent les applique : s'il réussit, toute la commune qu'il
« habite les appliquera. C'est pour cette raison que les
« Sociétés d'agriculture devraient au moins avoir un mem-
« bre actif dans chaque commune. Avec lui, elles propa-
« geraient les bonnes méthodes.

« Les bienfaits matériels par l'application se généra-
« lisent, mais les bienfaits intellectuels et moraux, au
« contraire, se localisent Ils restent à l'individu au lieu
« de profiter à tous. Voilà ! pourquoi les lectures seraient
« profitables pour ceux qui ne savent pas lire.

« Mais, dans toutes les hypothèses où l'on se place, il
« demeure évident que ces lectures ne pourront jamais
« obtenir le même résultat que si elles étaient prises
« individuellement; ou il faut que celui qui est chargé
« de ces lectures, y supplée souvent par des explications,
« afin de faire profiter la masse de ses auditeurs. Mais,
« pour cela, il faut avoir le talent d'improvisation, la
« lucidité de son sujet, en avoir fait des études appro-
« fondies et avoir l'élocution facile, si l'on veut rompre
« la monotonie et intéresser. Sans intérêt, pas d'au-
« diteurs.

« On a réclamé, et avec raison, dans ces dernières
« années, contre l'usage immodéré des boissons alcooli-
« ques, et on en a cherché les causes. On a sévi contre
« les débitants de ces boissons, on a fait des réglements

« de police sur les cafés ; puis, voyant que ces lois et
« réglements ne servaient à rien, que le mal allait em-
« pirant, on a proposé de mettre en prison ceux qu'on
« rencontrerait en état d'ivresse sur la voie publique (1).

« Si un observateur attentif eût étudié les causes de
« cette immoralité, il ne serait que médiocrement surpris
« lorsque nous en accuserions le système d'enseignement
« actuel qui laisse l'enfant trop libre et trop abandonné
« à la coupable insouciance des parents, qui ont eux-mêmes
« souvent contracté ces mauvaises habitudes, par suite
« de l'abandon où ils ont été laissés dans leur enfance.

« Législateurs, Députés, Membres des Conseils géné-
« raux, Administrateurs des départements, ce n'est pas
« en faisant arrêter les ivrognes que vous en diminuerez
« le nombre ; car autant vaudrait mettre votre cheval en
« prison, s'il était trouvé égaré sur la voie publique.

« C'est un mal moral, il tombera par un remède
« moral. Une bonne direction d'enseignement et un guide
« sage pour l'enfant, au sortir des écoles primaires, sont les
« seuls remèdes à ce penchant vicieux. »

L'Assemblée est unanime pour penser que le meilleur
conservateur de la bibliothèque est l'instituteur : elle est
également d'avis qu'il serait désirable que l'instituteur pré-
sidât des lectures du soir, surtout le dimanche. Ces lectures offriraient le grand avantage d'empêcher beaucoup
de personnes d'aller perdre leur temps et leur santé dans
les cabarets, de fortifier leur instruction, de faire des
ouvriers plus habiles pour les diverses industries, et de

____

(1) « Des préfets et des maires ont pris des arrêtés à cet effet. Nous
« citerons le préfet du Nord et le maire d'Amiens.

rattacher à l'agriculture, en la leur faisant aimer, un grand nombre de personnes qui abandonnent aujourd'hui le foyer de la famille, où elles auraient rencontré une vie calme et heureuse, pour aller se jeter dans les grandes villes où elle rencontrent trop souvent d'amères déceptions.

A 11 heures et demie la séance est levée.

Le Secrétaire-général ,

J. MORIÉRE.

ENQUÊTE INDUSTRIELLE.

SÉANCE DU SAMEDI 20 JUILLET.

Présidence de M. DE LA SICOTIÈRE, inspecteur divisionnaire de l'Orne.

A une heure, la séance est ouverte. M. le Président en indique l'objet, donne lecture des questions portées au programme de l'Association normande, et invite les industriels présents à vouloir bien donner les renseignements que comporte chacune de ces questions.

M. Lebas lit le rapport suivant :

MESSIEURS,

L'Association normande, poursuivant le noble but qu'elle s'est donné par son institution, vient aujourd'hui au milieu de nous : elle nous demande quels ont été les progrès de notre industrie depuis quinze années ; nous sommes heureux, quand tout autour de nous s'agite et progresse, de pouvoir vous répondre que nous aussi nous avons progressé. De nouvelles industries sont venues s'ajouter à celles que vous connaissiez déjà : une chaudronnerie de cuivre à Aulu-sur-Risle, une fabrique de roulettes, une fabrique d'agrafes, une fabrique de lacets et de chaussures, deux manufactures de toiles imperméables, un atelier de construction pour la moissonneuse normande : telles sont les industries nouvelles. Parmi les industries anciennes, les aiguilles et les dés comptent quatre nouveaux établissements.

L'épingle, notre grande production, est aujourd'hui

encore fabriquée à la main ; mais d'ingénieuses machines sont déjà parvenues à confectionner la tête d'une manière satisfaisante, et l'on prévoit que bientôt la main de l'homme sera remplacée par des moyens plus prompts et moins coûteux. Les pointes sont fabriquées exclusivement à la mécanique, et si la production des grandes pointes a perdu de son importance, cela tient au prix trop élevé des transports ; mais, en revanche, la fabrication des pointes fines et béquets a pris beaucoup de développement.

En résumé, Messieurs, l'industrie a prospéré dans la contrée, et grâce à notre population intelligente et laborieuse, nous espérons que le progrès ne s'arrêtera pas où vous le voyez arrivé aujourd'hui.

Vous nous demandez, Messieurs, quel avenir industriel on peut espérer pour le pays. Nous dirons, de suite, que les traités anglo-français et franco-belge ont inspiré et inspirent encore de grandes craintes pour notre avenir industriel. Le commerce anglais envoie sur notre marché une quantité considérable de produits similaires, qu'il livre à très-bas prix à la consommation : la réduction énorme des droits protecteurs sur certains articles, leur presqu'annihilation sur quelques autres, permettent à nos voisins de venir à nos portes nous faire une guerre souvent heureuse. Nous douterions de l'avenir, si les promesses formelles relatives à la voie ferrée qui nous est due ne recevaient une prompte exécution ; vous êtes convaincus, nous en sommes certain, Messieurs, du tort immense que fait à la contrée cette fin de non-recevoir par laquelle on répond depuis si long-temps à nos instances réitérées, à nos supplications pour obtenir enfin une voie ferrée qui nous permette, par la rapidité des communications avec les grands centres commerciaux, de recevoir promptement et à moins de frais nos matières premières, le combustible, et d'expédier de même nos produits manufacturés ; nous avons des promesses formelles. Qu'il nous soit pourtant permis, bien qu'espérant un avenir prochain plus heureux, de déplorer, au nom de tous, le tort immense fait à notre industrie par des retards que nous voulons croire nécessaires, mais qui, s'ils se prolongeaient encore, la ruineraient sans retour.

Nous voulons seulement vous faire connaître les appréhensions de l'industrie locale.

La troisième question à laquelle nous sommes appelé à répondre est ainsi posée :

L'avenir statistique de la fabrication actuelle ; moyens de l'améliorer.

S'il était possible, Messieurs, d'établir d'une manière exacte cette statistique, vous seriez surpris de l'étonnante fécondité de notre pays. Peu de villes en France offrent, nous en avons la certitude, autant d'industries diverses : le cuivre, le fer nous arrivent sous forme brute ; des ouvriers industrieux, sous la direction de fabricants habiles, les transforment pour être ensuite livrés au commerce : clous, épingles, aiguilles, dés à coudre, agrafes, roulettes, tous les articles de petite et grosse quincaillerie, bimbloterie, alliage du cuivre en planches et fils ; fonte de cuivre, depuis l'ornement des salons jusqu'au Christ qui décore nos églises ; la fonte de fer, depuis l'humble ustensile de ménage jusqu'au puissant laminoir ; ici, Messieurs, l'industrie pétrit en quelque sorte les métaux qu'elle reçoit et les rend sous mille formes diverses aux contrées lointaines qui les ont expédiés.

Le pays de L'Aigle, vous le voyez, Messieurs, peut,

avec un juste orgueil, étaler devant vous ses produits si variés. 10,000 ouvriers trouvent dans ses fabriques un salaire rémunérateur ; et les femmes, que leur faiblesse éloigne des rudes travaux de l'atelier, trouvent encore, grâce aux entreprises de couture, le moyen de subvenir pour une part assez importante aux besoins du ménage, en vaquant aux soins que réclament le mari et l'enfant.

17,000 femmes et filles, dans un rayon de 25 à 30 kilomètres, sont employées à ces travaux, qui versent dans nos campagnes environnantes près de 3 millions de francs par année. Pardonnez, Messieurs, un entraînement légitime : la statistique veut des chiffres ; ces chiffres, tout arides qu'ils soient, ont, vous le verrez, leur éloquence aussi, surtout lorsqu'ils s'adressent à des hommes pratiques comme vous, Messieurs, qui venez ici, non pour entendre des phrases plus ou moins ornées, mais pour étudier à fond les questions importantes que vous avez bien voulu poser.

Le cuivre, Messieurs, arrive en plaques de diverses provenances (quelquefois on traite directement le minerai) à six grands établissements qui alimentent ensuite, avec leurs produits, toutes nos industries réclamant son emploi.

Quatre fonderies s'occupent du moulage et luttent avantageusement, pour le fini du travail, avec les contrées rivales.

Cette fabrication compte 10 genres d'industrie, répartis dans 36 usines employant de 1,500 à 2,000 ouvriers ; 20 d'entre ces usines ont des moteurs à vapeur représentant environ 500 chevaux de force ; elles consomment 12,500,000 kilogrammes de houille.

Trente-quatre genres d'industrie emploient le fer sous

forme de planches et surtout de fils, c'est la grande production ; la contrée de L'Aigle expédie dans tous les pays ses fils de fer, pointes, aiguilles, épingles, fils à cardes, sa grosse et petite quincaillerie, etc., etc.

5,000 ouvriers, secondés par d'ingénieuses ou puissantes machines, sont employés à ces genres de fabrication dans 46 établissements industriels, mus, les uns par la vapeur, les autres par l'hydraulique. Les ateliers de fonte de fer et moulage emploient la fonte de deuxième fusion. Huit forges et hauts-fourneaux traitent directement le minerai qui se trouve en assez grande abondance sur de nombreux points de notre contrée ; 2,000 ouvriers, répartis dans 15 usines, travaillent dans ces forges. L'industrie du fer consomme par année pour 1 million de francs de combustible : le bois est presque exclusivement employé, il est fourni par les forêts qui nous entourent.

Nous avons, outre notre industrie métallurgique, trois verreries, une fabrique de faïence, plusieurs fabriques de poteries, de creusets pour la fonte du cuivre, de tuyaux de drainage, une tonnellerie, plusieurs fabricants de chaux hydraulique, une fabrique de lacets et chaussures, deux fabriques de toiles imperméables, plusieurs papeteries, des moulins, etc., etc.

Ces établissements divers occupent 1,500 ouvriers. Nous dirons, pour nous résumer, que l'industrie proprement dite, représentée par 56 genres, occupe 10,000 ouvriers environ ; qu'elle consomme pour 2 millions de combustible et qu'elle livre à la vente près de 50 millions de kilogrammes de marchandises fabriquées.

Ces chiffres, Messieurs, vous ont convaincus du préjudice que cause à notre pays l'absence d'une voie ferrée ; nous pouvons dire que le trafic, en y comprenant le transport du combustible, des matières premières, le retour des marchandises fabriquées sur Paris qui centralise ; le trafic, dis-je, s'élève à près de 100,000 tonnes. Calculez maintenant, Messieurs, la somme considérable (outre la perte de temps) dont les transports, dans les conditions actuelles, grèvent notre industrie.

36 kilomètres de trajet par voie de terre nous coûtent à peu près le même prix que le parcours de 120 kilomètres par voie de fer. Nous avons dit plus haut que les femmes étaient employées pour la couture au nombre d'environ 17,000 ; elles sont divisées en trois genres : la ganterie donne du travail à 15,000 ouvrières ; les corsets et les chemises en occupent 2,000.

Qu'il nous soit permis de vous faire apprécier, en quelques mots, l'augmentation considérable de prix donnée par le travail à la matière première. Le fer tréfilé servant à la fabrication de l'épingle peut être évalué, en moyenne, à 75 cent. le kilog. ; le kilogramme d'épingles se vend au prix moyen de 3 fr. 50.

L'acier employé dans la fabrication de l'aiguille coûte 5 fr. le kilog. ; le kilog. d'aiguilles fines se vend 25 fr., le kilog. de grosses aiguilles, 12 fr. environ.

Il nous resterait, Messieurs, à traiter la seconde partie de la question par vous ainsi posée : Moyens d'améliorer la fabrication actuelle. Cette question est complexe et fort difficile, pour ne pas dire impossible à résoudre, en la prenant dans son sens réel.

Vous comprendrez, Messieurs, qu'en face de tant d'industries diverses, ayant presque toutes des moyens différents de fabrication, il nous soit impossible de désigner les avantages ou les inconvénients de tel ou tel système.

Chaque fabricant a ses moyens à lui : nous ne pourrions

donc, à cet égard, qu'invoquer des lieux communs qui ne répondraient que de fort loin à la question posée ; mais il est, croyons-nous, des améliorations d'intérêt général qui pourraient rendre d'immenses services : en première ligne, nous plaçons la construction immédiate de notre voie ferrée ; les motifs vous ont été indiqués plus haut.

En second lieu vient l'établissement, dans notre ville, d'une succursale de la Banque de France. Cet avantage est accordé à des centres industriels qui n'ont pas plus d'importance que notre contrée ; un tel établissement donnerait à l'industrie du pays un élan qui lui ferait prendre certainement un nouvel essor.

De nouvelles industries pourraient-elles être introduites avec chance de succès ? Indiquer, s'il y a lieu, la nature de ces industries.

Nous répondrons que les genres d'industrie s'occupant de la transformation des métaux pourront toujours s'établir chez nous, dans l'espoir d'un avenir prospère, grâce aux aptitudes spéciales des ouvriers du pays.

Ne serait-il pas utile qu'un professeur spécial fît, pendant quelques mois de l'année, des cours appropriés aux besoins de la vie industrielle de L'Aigle ? Cet enseignement bien dirigé ne procurerait-il pas à la classe ouvrière un aliment moral qui l'éloignerait de l'ivrognerie et de la lecture des mauvais livres ?

Personne, assurément, Messieurs, ne saurait contester les avantages que la classe ouvrière retirerait dès à présent d'un enseignement professionnel ; mais, afin de comprendre l'importance d'un enseignement de cette nature pour l'avenir de la population ouvrière de L'Aigle et les progrès de son industrie, il faut se reporter par la pensée au temps prochain où le pays ne sera plus qu'à quatre heures de Paris.

Cette question de l'instruction, sur laquelle tous les bons esprits sont d'accord, a déjà vivement préoccupé l'Administration municipale et ses efforts tendent, en ce moment même, à créer une institution qui ajoute à l'instruction donnée dans nos deux écoles primaires les éléments indispensables d'un bon enseignement professionnel. Qu'une école secondaire soit fondée sur des bases durables ; que le principe de la subvention lui soit largement appliqué; que le programme à suivre renferme, outre l'instruction propre aux instituteurs secondaires, les éléments de l'instruction professionnelle, nous trouverons alors, croyons-nous, une solution prompte et facile à la question posée par le Congrès de l'Association normande.

Des cours du soir et des dimanches, ayant pour objet spécial l'enseignement des mathématiques, du dessin, de la physique et de la chimie élémentaire, offriraient alors à nos contre-maîtres et ouvriers le plus sage et plus utile emploi des loisirs que leur laisserait le travail.

Ce rapport, écouté avec la plus grande attention, mérite à M. Lebas les félicitations de M. le Président.

M. de La Sicotière dit qu'après avoir entendu un travail d'ensemble très-bien fait, il croit utile d'ouvrir la discussion sur chacune des questions du programme industriel, et de provoquer des renseignements complémentaires du rapport.

La 1re. question est ainsi conçue :

1re. QUESTION. — *Quels ont été les progrès de l'industrie à L'Aigle, depuis quinze années?*

Les membres présents sont invités à donner d'abord des renseignements sur les principales industries du can-

ton de L'Aigle et spécialement sur la fabrication des aiguilles et des épingles.

M. Anfrye signale la substitution de l'épingle en fer à
l'épingle en laiton qui se courbe trop facilement ; mais il
est juste de dire que l'épingle en fer offre l'inconvénient
de se rouiller assez promptement.

M. Mazier fait remarquer que les fonderies de fer et
de cuivre sont aujourd'hui beaucoup mieux installées qu'il
y a quinze ans ; on emploie actuellement des procédés
perfectionnés pour opérer la fonte de ces deux métaux et
préparer les alliages dont on a besoin ; il y a eu également dans la fabrication des aiguilles un progrès notable ;
en somme, les industriels de L'Aigle peuvent actuellement
soutenir la concurrence étrangère avec beaucoup plus de
succès qu'il y a quinze ans.

Selon M. Taillefer, les procédés employés pour la fabrication des aiguilles n'ont guère changé depuis 1843 ;
mais la manutention a sensiblement progressé.

Relativement à l'importance de la fabrication des aiguilles, on constate qu'il y avait seulement deux fabriques
employant 200 ouvriers, en 1843, tandis qu'aujourd'hui
on en compte quatre qui donnent du travail à 350 ouvriers.

Il résulte encore des déclarations faites par plusieurs
membres qu'il existe une amélioration sensible de bien-
être pour l'ouvrier : ainsi, d'après M. Hurel-Masson, tel
ouvrier qui ne gagnait que 1 fr. 50, en 1843, est payé aujourd'hui 2 fr. et 2 fr. 50. M. Mazier croit que, pour plusieurs industries, le prix de la journée de l'ouvrier a
doublé.

M. Rossignol fait observer qu'il y a non-seulement des
ouvriers payés à la journée, mais encore d'autres qui tra-

vaillent à l'entreprise; l'ouvrier qui travaille à la journée gagne en moyenne 2 fr. 50, c'est-à-dire un tiers de plus qu'il y a quinze ans, et la journée de celui qui travaille à l'entreprise s'élève parfois jusqu'à 5 et même 6 fr.

M. de La Sicotière demande si les produits manufacturés sont aujourd'hui de meilleure qualité qu'il y a quinze ans. M. Hurel-Masson répond affirmativement : les produits anciens sont de meilleure qualité et on en fabrique de nouveaux qui ne le cèdent en rien aux produits similaires de l'étranger : telles sont, par exemple, les aiguilles à gants; on livre au commerce un plus grand nombre de numéros d'aiguilles qu'autrefois; il se fait une plus grande quantité de pointes à la mécanique, et la quantité d'aiguilles qui se vendait autrefois 2 fr. 50 ne coûte plus aujourd'hui que 1 fr. 20.

En résumé, trois modifications importantes se sont produites dans les principales industries de L'Aigle : 1°. augmentation du salaire des ouvriers; 2°. diminution dans le prix de vente des objets livrés au commerce par suite du perfectionnement des procédés; 3°. enfin, produits de meilleure qualité qu'autrefois et en plus grande quantité.

M. Mazier croit qu'en évaluant l'augmentation du nombre d'ouvriers à 10 pour cent, on peut porter à 20 pour cent celle qui s'est produite dans les objets fabriqués.

M. de La Sicotière s'informe encore si les débouchés commerciaux ont augmenté. M. Bohin et plusieurs membres pensent qu'il n'y a pas eu d'accroissement sensible dans les débouchés à l'intérieur, mais que les débouchés extérieurs ont été étendus aux dépens des Allemands et des Anglais; c'est ainsi que les industriels de L'Aigle ont recouvré, pour l'épingle, les marchés du nord et de l'Amérique qu'ils avaient perdus.

2°. QUESTION. — *Quel avenir industriel peut-on espérer pour la contrée?*

L'Assemblée trouve que le rapport de M. Lebas a suffisamment répondu à cette question.

3°. QUESTION. — *Statistique de la fabrication actuelle; moyens de l'améliorer.*

La question de statistique a été traitée dans le rapport de M. Lebas. Quant aux moyens d'améliorer la fabrication actuelle, on est unanimement d'avis que l'exécution d'un chemin de fer, mettant la ville de L'Aigle en communication avec la ligne de Paris à Cherbourg ou avec celle de Paris à Granville, serait le meilleur moyen de donner aux industries de L'Aigle un nouvel essor, tout en améliorant la position actuelle des fabricants, qui est de beaucoup inférieure à celle des industriels placés sur une ligne ou à une faible distance d'une ligne de chemin de fer.

Une discussion, à laquelle prennent part MM. Taillefer, Mazier, Marc, Hurel-Masson, s'engage sur la question du chemin de fer de L'Aigle et l'exécution plus ou moins prompte des sections de Paris à Dreux, de Dreux à Nonancourt et de Nonancourt à L'Aigle. Il paraîtrait résulter des renseignements fournis par M. Marc que les études de cette dernière section ne sont pas encore arrêtées; que celles qui ont été faites entre Dreux et Nonancourt sont approuvées et que des travaux ont été exécutés seulement entre Paris et Dreux. L'achèvement de cette ligne pourra donc se faire attendre long-temps encore et laisser péricliter de graves intérêts, tandis que le tronçon de L'Aigle à Conches, qui serait d'une exécution facile et qui ne coûterait que 3 à 4 millions, pourrait être fait en peu de temps; et il en résulterait pour les industriels de

L'Aigle d'immenses avantages dont on pourra se faire une idée, en sachant que la tonne de houille, dont le transport actuel de Conches à L'Aigle revient à 10 francs, ne coûterait plus que 1 fr. 50. Toutes les personnes présentes à la séance regardent l'exécution du chemin de fer de L'Aigle comme une question vitale pour les industries de cette localité : aussi l'Association, prenant en considération les observations qui viennent d'être faites, émet-elle le vœu que le chemin de fer de L'Aigle à Conches soit achevé dans le plus bref délai.

M. Marc fait observer qu'en France, nous nous faisons trop souvent remarquer par l'inutilité de l'abondance des lois : une loi prescrit que les compagnies de l'Ouest auront achevé le chemin de fer de Paris à Granville au 1er. mai 1864 ; or, tout porte à croire que cette ligne se fera attendre encore long-temps après le délai fixé, tandis que des lignes votées bien plus récemment, telles que celles de Caen à Flers et même le tronçon de Pont-l'Évêque à Trouville, seront achevées bien avant celle de Granville. M. Marc voudrait que le gouvernement exigeât des compagnies le strict accomplissement des traités qu'elles ont souscrits.

4°. QUESTION. — *De nouvelles industries pourraient-elles être introduites avec chance de succès? Indiquer, s'il y a lieu, la nature de ces industries.*

M. Hurel-Masson pense que tout ce qui se rapporte aux industries métallurgiques aurait chance de succès dans le canton de L'Aigle.

M. Taillefer croit que l'établissement du chemin de fer et, par suite, le rapprochement de L'Aigle de Paris permettront d'installer dans le pays plusieurs industries qui, dans les circonstances actuelles, n'auraient pas chance d'y prospérer.

On constate que la filature de coton n'a pas réussi dans le canton de L'Aigle; une grande fabrique de papier qu'on y remarquait vers 1789 a également disparu.

M. Bohin est d'avis que l'on pourrait, avec succès, établir dans le pays des ateliers de bijouterie à bon marché.

M. Vivien fait remarquer qu'il est aussi facile d'introduire à L'Aigle des industries nouvelles, surtout en ce qui touche à la mercerie et à la quincaillerie, que partout ailleurs.

M. le Président ne croit pas qu'on puisse très-fructueusement discuter cette question : les besoins de la consommation d'une part, et, de l'autre, les objets dont la fabrication offrira le plus de bénéfices aux industriels, seront toujours les meilleurs guides à consulter quand il s'agira d'introduire dans un pays des industries nouvelles.

5ᵉ. QUESTION. — *Ne serait-il pas bon qu'un professeur spécial fît, pendant quelques mois de l'année, des cours appropriés aux besoins de la vie industrielle de L'Aigle? Cet enseignement bien dirigé ne procurerait-il pas, à la classe ouvrière un aliment moral qui l'éloignerait de l'ivrognerie et de la lecture des mauvais livres?*

Tout le monde s'accorde à reconnaître l'utilité d'un enseignement industriel dans la ville de L'Aigle, et les bons résultats que l'on pourrait obtenir de cours destinés spécialement aux ouvriers et ayant pour objet les principales industries de la ville et du canton de L'Aigle.

M. le Maire et plusieurs conseillers municipaux annoncent que la ville de L'Aigle a l'intention de fonder une institution dans laquelle on enseignerait les langues anciennes jusqu'à la quatrième et qui serait, en même temps, une école professionnelle.

M. le docteur Mazier développe, en homme convaincu, tous les avantages que la ville de L'Aigle pourrait retirer de l'établissement d'une école professionnelle.

M. de Caumont partage cette opinion ; toutefois il craint que la ville de L'Aigle ne cherche à avoir un collége plutôt qu'une école professionnelle : les colléges sont trop nombreux et, dans les petites villes, ils ne rendent que fort peu de services et sont parfois des charges très-lourdes pour le budget municipal, tandis que des cours industriels, sagement conçus et bien faits, fourniraient à la masse de la population l'aliment intellectuel qui lui convient.

M. Vivien répond que, sans amoindrir l'enseignement industriel qui sera l'enseignement principal dans l'établissement projeté, le Conseil municipal a voulu, en même temps, donner satisfaction au légitime désir qu'ont certains parents, qui veulent faire faire des études à leurs enfants, de les garder auprès d'eux pendant leurs plus jeunes années. Il affirme, d'ailleurs, que la plus forte part de la somme votée par la Ville sera affectée à l'École industrielle.

M. de Caumont, après les explications données par M. Vivien, n'insiste plus pour que les langues anciennes soient supprimées du programme de la nouvelle institution ; mais il engage la ville de L'Aigle à ne pas perdre de vue qu'elle doit donner surtout un enseignement professionnel.

Les diverses questions du programme industriel ayant été passées en revue, M. de La Sicotière demande si, outre les industries principales de la ville de L'Aigle que M. Lebas a si bien fait connaître dans son rapport, il n'y aurait point des industries secondaires dignes d'être mentionnées. Il signale, entr'autres, la verrerie, si bien représentée à l'exposition industrielle de L'Aigle par M. Bourgeois, et il engage cet honorable industriel à donner à l'Assemblée quelques renseignements sur les progrès et l'état actuel de sa fabrication.

M. Bourgeois de Lhome-Chamondot signale à l'Assemblée un progrès marqué, non-seulement dans les produits qu'il fabrique aujourd'hui sur ceux qu'il faisait il y a quinze ans, mais encore une augmentation notable dans le prix de la journée de l'ouvrier ; les prix des divers objets sont restés à peu près les mêmes, mais l'ouvrier gagne le double, ce qui tient au perfectionnement des procédés de fabrication. Ainsi, tel ouvrier qui faisait, il y a quinze ans, 150 verres de table dans une journée, en fait aujourd'hui de 400 à 500.

M. Bourgeois fait encore remarquer qu'on obtient aujourd'hui, en verre blanc, des produits aussi beaux qu'avec le cristal, et l'augmentation qui s'est produite dans la fabrication permet de livrer à 17 fr. le cent ce qui se vendait 40 fr. il y a quinze ans. Il n'employait, à cette époque, que 200 ouvriers et maintenant il en a 600.

M. Bourgeois prend son sable à Fontainebleau, à Creil, et à Reims ; celui de Fontainebleau est plus fondant ; le sable de Reims se fait remarquer par sa blancheur. — Il emploie la terre de Forges-les-Eaux pour ses creusets et il tire sa chaux de Boulogne-sur-Mer. Les sables de Fontainebleau reviennent à 40 fr. le mètre cube.

Interpellé sur la question de savoir s'il a essayé les sables du pays, M. Bourgeois répond que les expériences qu'il a faites n'ont pas amené de résultats satisfaisants ; tous les sables du pays ont donné des grains dans la fonte.

Céramique. — M. Roch-Petit doit être cité en première ligne : il a fait figurer à l'exposition de L'Aigle une série intéressante de bons produits, parmi lesquels on doit citer plus particulièrement : les tuyaux de drainage ordinaires, d'autres tuyaux vernissés à l'intérieur et inattaquables aux acides que les eaux renferment souvent, des mitres ou couronnements de cheminées, des briques creuses, des tuiles à rebord qui ne pèsent que 35 kilog. au mètre courant, tandis que les tuiles ordinaires pèsent 72 kilog. et les ardoises 51. La faïence commune fabriquée chez M. Roch-Petit laisse un peu à désirer sous le rapport de la délicatesse des formes et de l'élégance ; mais elle mérite des éloges pour la solidité de la pâte et de la couverte.

Parmi les industriels qui s'occupent de céramique dans l'arrondissement de Mortagne, il faut encore mentionner : M. Lebaudy, de L'Aigle, pour ses pavés et ses briques ; M. Vaugeois fils, à la Bourgeoiserie, pour ses tuiles ; M. Vaussay, pour ses tuyaux de drainage ; M. Margot, qui prépare d'excellents creusets pour la fonte du cuivre ; enfin MM. Cadet, pour la poterie dite *caillou*, très-solide et résistante au feu.

Tannerie. — La tannerie, qui comptait autrefois douze à quinze établissements dans l'arrondissement de Mortagne, n'est plus représentée que par une seule maison, celle de M. Mesnel, qui a fait figurer de bons produits à l'exposition de L'Aigle.

M. de La Sicotière fait remarquer qu'on a peine à s'expliquer cette diminution d'une industrie jadis si importante dans le pays, puisque le nombre des peaux des animaux abattus va toujours croissant, qu'elles sont de meilleure qualité ; que le tan n'y est pas moins abondant et que les eaux n'ont pas perdu de leurs propriétés.

Plusieurs membres signalent l'existence de certaines

usines sur les cours d'eau où se trouvaient des tanneries, comme la principale cause de la disparition de ces établissements. On croirait, en effet, que les eaux acides dont plusieurs industries se débarrassent, en les faisant écouler dans les rivières, communiquent à leurs eaux des propriétés nuisibles à la qualité du cuir.

Chaussures. — Au nombre des établissements qui ont envoyé des chaussures à l'exposition, la maison Aumont-Anquetin, de L'Aigle, occupe sans contredit le premier rang. Cette maison, dont le principal établissement est à Beaufai et qui occupe de 100 à 150 ouvriers, fabrique toute espèce de chaussures, depuis la galoche rustique jusqu'aux souliers les plus fins. Elle possède une machine hydraulique sur la Risle, une scierie à lames tournantes qui ne se borne pas à découper des semelles de galoches, mais qui exécute en bois les dessins les plus capricieux et les plus délicats des métiers pour le tissage du lacet.

Ganterie. — Il résulte des renseignements fournis par diverses personnes, que la fabrication des gants n'a pas augmenté depuis 9 à 10 ans; les prix n'ont pas varié, mais l'ouvrière fait plus d'ouvrage dans le même temps. On paie, en moyenne, 3 fr. 50 pour une douzaine de paires de gants, quelquefois 3 fr. 75; les ouvrières en gants, tout en s'occupant des soins du ménage, trouvent encore le moyen de coudre par semaine deux douzaines de paires.

La ganterie de L'Aigle est très-réputée; les fabricants ne travaillent que pour Paris.

Cette industrie s'est un peu étendue du côté de Vimoutiers. On évalue à 17,000 le nombre des femmes qui se livrent à cette industrie.

Corsets. — En 1846, une seule personne à L'Aigle, M⁰ᵉ. Constant, s'occupait de la confection des corsets, et les produits de sa maison étaient recherchés par une clientèle d'élite. Son gendre , M. Achille Lebouc, résolut, vers 1849, de donner à cette fabrication une extension plus considérable.

Des ouvrières choisies furent formées avec un soin extrême dans sa maison et disséminées ensuite, quand elles furent reconnues capables de former elles-mêmes de nouvelles ouvrières.

De nouvelles fabriques de corsets se sont élevées à côté de celle de M. Lebouc et, aujourd'hui, l'industrie des corsets occupe environ 1,200 ouvrières dans un rayon de 4 kilomètres. Le travail se fait en famille, sous la surveillance des parents, et chacune de ces ouvrières , tout en contribuant aux soins du ménage, gagne en moyenne 1 fr. par jour.

Outre l'écoulement de ses produits en France, la maison Lebouc a fondé des dépôts d'un mouvement important à Paris et à Londres.

Sculpture sur bois.—Cette industrie ne compte que très-peu d'ouvriers.

Vannerie. — La vannerie est l'industrie d'un seul particulier, M. Louée, de L'Aigle, qui a fait figurer à l'exposition un grand panier ou *Resse* d'une exécution remarquable.

Chaux.—La fabrication de la chaux a une importance très-grande aux environs de L'Aigle. Chez M. Bourgeois, il existe quatre fours constamment en activité et qui livrent, en grande quantité, une chaux éminemment hydraulique qui a été employée pour les tunnels de chemin de fer ; les entrepreneurs du tunnel de La Motte, près Lisieux, se sont servi uniquement de la chaux hydraulique de L'Aigle. Cette chaux se vend à raison de 2 fr. l'hectolitre.

On ne connaît, dans le pays, qu'un seul four continu.

Mécanique. — Outre les établissements importants signalés dans le rapport de M. Lebas, l'Association ne doit pas omettre de consacrer quelques lignes à l'usine dans laquelle M. le docteur Mazier fait exécuter ces machines à moissonner qui ont été reconnues, dans divers concours, comme méritant le premier rang parmi les machines françaises. Grâce aux procédés mécaniques perfectionnés employés par M. Mazier, 5 ou 6 menuisiers font l'ouvrage d'une quarantaine.

M. Mazier occupe, en moyenne, de 15 à 20 ouvriers ; il a livré 80 moissonneuses en 1860. 40 ouvriers peuvent fabriquer deux machines par jour.

M. le Président voudrait que l'on s'occupât d'écrire l'histoire de la machinerie agricole française, comparée à celle de la machinerie agricole anglaise ; la moissonneuse Mazier occuperait certainement, dans ce travail, une des places les plus honorables.

A 5 heures, la séance est levée.

Le Secrétaire-général,

J. MORIÈRE.

SÉANCE DU 20 JUILLET.

Présidence de M. PRÉTAVOINE, maire de Louviers.

La séance est ouverte à 2 heures.

Siégent au bureau : MM. DE CAUMONT, MABIRE, le comte DU BUAT et le comte D'ESTAINTOT.

M. LE BLANC remplit les fonctions de secrétaire.

M. Mabire rend compte, en quelques mots, d'une visite à la Trappe faite, sous sa présidence, par MM. Prétavoine, du Buat, Morière, Létot, du Férage et Le Blanc. Cette Commission, gracieusement accueillie par le R. P. Hôtellier, a pu visiter dans tous ses détails cet important monastère ; elle a ensuite examiné avec un bien vif intérêt les bâtiments de sa ferme, l'aménagement des fumiers, la propreté parfaite des étables. Toutefois elle a remarqué que le bétail laissait un peu à désirer relativement aux races.

Après avoir remercié le R. P. Hôtellier, la Commission s'est rendue au milieu des cultures remarquables dépendant du monastère. Elle a admiré, en particulier, un champ de pommes de terre Chardon de plusieurs hectares, assurément le plus beau de la contrée, et aussi un champ d'avoine magnifique. Toutes ces cultures, pratiquées en grande partie sur un sol marécageux, se distinguaient surtout par une extrême propreté, et toutes les céréales présentaient un contraste bien frappant avec celles qu'on avait pu voir sur la route dans des terres infiniment meilleures ; tant il est vrai qu'aucun terrain, quelqu'ingrat qu'il soit, ne reste stérile quand il est cultivé par une main laborieuse, intelligente et persévérante.

En un mot, la Commission a partagé en entier les idées émises par le Jury d'examen des fermes dans son remarquable rapport, qui sera imprimé dans le compte-rendu du Congrès.

Après cette visite intéressante, la Commission s'est dirigée vers la colonie pénitentiaire pour les jeunes détenus que le monastère s'est adjointe, depuis quelques années. Elle a remarqué dans cette colonie un grand ordre, une propreté remarquable, une bonne tenue ; et chez les directeurs un esprit de charité, de dévouement à toute épreuve.

M. Mabire, qui a adressé quelques paroles d'exhortation aux jeunes détenus, appelle sur ces enfants, destinés à devenir de bons auxiliaires pour l'agriculture, toute la bienveillance de l'Association. Sur sa proposition, l'Assemblée décide que trois d'entre eux, plus spécialement désignés par leurs directeurs pour leur bonne conduite, recevront chacun une somme de 15 fr. à ajouter à leur livret de sortie, et trois autres une somme de 5 fr.

Cette visite suggère à M. Prétavoine l'observation suivante, relative aux métiers que l'on enseigne aux jeunes détenus : dans la plupart des établissements de ce genre, on apprend la serrurerie, et la majorité des élèves qui se livrent à ce métier y réussissent avec une dextérité remarquable. Or, quelques-uns, une fois rentrés dans la vie commune, ne devant pas malheureusement marcher dans la bonne voie qui leur a été tracée pendant leur séjour à la colonie, ne serait-il pas bien préférable, pour la sécurité de la société, de ne pas les initier à un art qui leur donne des moyens si puissants de commettre des forfaits ? Ne vaudrait-il pas mieux les diriger surtout vers l'agriculture qui manque de bras, et se contenter seulement de respecter certaines dispositions toutes particulières pour quelques métiers ?

L'Assemblée partage complètement cette manière de voir.

M. Mabire appelle ensuite l'attention sur un autre point non moins important. Dans plusieurs contrées de la Normandie, il existe un *préjugé profondément enraciné au sujet des ensemencements d'automne qui n'ont pas réussi, ou qui ont été détruits par un hiver trop rigoureux ou trop pluvieux.*

D'après ce préjugé, *ces ensemencements manqués ne peuvent être remplacés par des semailles de printemps.* On a même vu des maires se permettre de défendre, sous peine de poursuites, de faire ces nouvelles semailles. Or, il y a ici une *croyance regrettable*, il y a un *abus d'autorité*, contre lesquels il faut énergiquement protester. *Plusieurs avocats distingués du barreau, ayant été consultés sur ce point, ont unanimement déclaré qu'il n'existait dans le Code aucun article de loi qui défendît de remplacer une récolte d'hiver manquée par une céréale de printemps ; que la coutume ne pouvait ici avoir force de loi ; qu'en tout cas ce ne pourrait être qu'un point de litige entre le fermier et le propriétaire relativement à l'assolement convenu entre eux.* D'ailleurs, il faut le dire, plusieurs préfets intelligents, soucieux des intérêts agricoles, ont eux-mêmes recommandé de remplacer par des semailles de printemps celles d'automne qui n'avaient pas réussi. Il est à souhaiter que tous les administrateurs suivent leur exemple pour déraciner ce préjugé qui peut avoir de si fâcheuses conséquences.

M. de Caumont parle ensuite de quelques améliorations

foncières importantes, opérées sur divers points de la Normandie, notamment des plantations considérables d'arbres verts faites par M. le président de La Chouquais à Mutrécy (Calvados). M. de La Chouquais possède, dans cette commune, des coteaux qui bordent l'Orne et qui sont formés de schistes ardoisiers. Il y a une vingtaine d'années, ils ne présentaient que des bois-taillis assez pauvres ; aujourd'hui, grâce à ses travaux intelligents et à sa persévérance, ils sont couverts de magnifiques épiceas, mélèzes et autres arbres résineux qui ont doublé la valeur de la propriété.

Il a pratiqué ces plantations sur 50 hectares. Depuis, il a drainé, au moyen de pierrées qu'il préfère aux tuyaux, 16 hectares de terrains marécageux qui ont été ainsi transformés et sont devenus très-fertiles ; enfin, il a fait planter un nombre considérable de pommiers.

Pour toutes ces améliorations, l'Association lui décerne une médaille d'argent.

Sur le rapport de M. de Caumont, l'Association décerne également une médaille d'argent à M. de Witt, du Val-Richer (Calvados), pour les défrichements importants qu'il a opérés et surtout pour sa fabrication de tuyaux de drainage qu'il a propagés de tout son pouvoir dans le pays.

M. Aufrie signale aussi de grandes plantations d'arbres verts faites, dans les environs de L'Aigle, sur des terrains autrefois incultes et qui maintenant offrent une magnifique végétation.

M. de Campagnolles demande quelques explications sur l'emploi du sel en agriculture : dans une de ses conférences agricoles, M. Morière avait dit qu'on pouvait se procurer du sel à bas prix en s'adressant directement au directeur des contributions indirectes. Mais il résulte des observations faites par plusieurs agronomes que, jusqu'à ce jour, cette réduction de prix n'a pas été accordée. M. Prétavoine rappelle que l'administration des contributions a fait une instruction sur la dénaturation des sels, et qu'on est allé trop loin en disant qu'il fallait les mélanger. D'après lui, pour les fourrages, il vaut mieux se servir du sel ordinaire qui vaut 15 et 16 fr. les 100 kilogrammes. Ce sel a deux propriétés : celle de faire engraisser les animaux et celle de rendre mangeables de mauvais fourrages. Pour arriver à ce dernier résultat, on prend deux ou trois poignées de sel qu'on fait dissoudre dans une certaine quantité d'eau, on asperge avec cette dissolution une dixaine de bottes de foin avarié ; on les foule ensuite pour faire pénétrer le liquide et on les rend ainsi mangeables.

M. Mabire a toujours employé le sel avec succès dans les fourrages, mais sans résultat dans les composts et les prairies. Il a obtenu une réussite parfaite en le mélangeant avec des légumes crus, dans la proportion de 1/100. Avec ce mode d'emploi, il n'a jamais vu, chez les animaux, d'enflure ni d'indigestion. Il le recommande donc aux agriculteurs.

ENQUÊTE MORALE.

Les questions relatives aux enquêtes agricole et industrielle étant épuisées, on passe à l'enquête morale de la population de L'Aigle. M. Mazier, maire de la ville, est invité à vouloir bien, en sa qualité de premier magistrat, donner les détails les plus circonstanciés sur ce sujet.

Pour satisfaire à la demande de l'assemblée, il lit le rapport suivant :

RAPPORT DE M. MAZIER.

MESSIEURS,

En vous présentant la situation morale de la ville de L'Aigle, je ne me dissimule pas la difficulté de cette tâche, qui aurait exigé une plus longue observation; car deux jours à peine se sont écoulés depuis que nous nous sommes chargé de ce travail, interrompu fréquemment par nos préoccupations administratives.

Instruction publique.

Sept écoles, à L'Aigle, sont fréquentées par 680 enfants, savoir :

L'École mutuelle communale.	130
L'École chrétienne.	120
La Salle d'asile publique.	95
L'École des Sœurs de la Providence. . . .	135

Ces quatre institutions sont gratuites.

Pension des Dames de Marie, dirigée par Mˡˡᵉ. Gibory, pensionnaires et externes. 100

Pension des Sœurs de la Providence, dont l'établissement ne fait que naître. 50

Et enfin, deux autres établissements privés, à l'instar de la Salle d'asile, où les enfants du premier âge sont reçus en payant. . . . 50

Total : 680 élèves. 680

Une directrice et une sous-directrice sont chargées des soins à donner aux enfants de la Salle d'asile ; les dépenses annuelles supportées par la ville sont de 1,750 fr., non compris une légère subvention du département . de 400 fr. environ.

L'École d'enseignement mutuel coûte annuellement à la ville, 2,355 francs.

Cette école, dirigée par M. Monthéan, s'est accrue prodigieusement sous l'habile direction de ce chef, aussi capable que dévoué à son honorable profession.

M. le Ministre de l'instruction publique et des cultes, voulant reconnaître ses bons services, lui a tout récemment décerné une médaille, à titre de récompense honorifique.

L'école des Frères de la Doctrine chrétienne a été fondée avec les legs de M. l'abbé Morin et de Mme. de Vattetot; la ville, propriétaire des fonds provenant de ces legs, vote annuellement 2,200 fr. Le nombre des Frères est de trois.

Cette école, située dans le quartier le plus populeux de la ville, où, par conséquent, la classe ouvrière domine, a rendu les plus grands services, sous tous les rapports, mais surtout au point de vue moral, en ce sens, que les enfants de nos ouvriers ne sont plus vagabonds dans les rues, comme autrefois; la bonne tenue et l'instruction qui les distinguent actuellement sont le meilleur argument en faveur de cette belle institution, qui rivalise avec son aînée, l'École mutuelle.

L'École gratuite des filles est dirigée par trois Religieuses de la corporation des Sœurs de la Providence; cette école, que nous appellerons la pépinière des mères de famille de notre classe ouvrière, a justifié, par les résultats de son œuvre, sa haute réputation bien méritée, et les sacrifices que la ville vient de s'imposer pour l'agrandissement du local qui lui est affecté.

Cette école reçoit de la ville une subvention annuelle de 1,450 fr.

Il existait, l'année dernière encore, une école secondaire, dirigée par M. Lechardeur, qui, dans le principe, contenait de 40 à 50 pensionnaires et beaucoup d'externes ; aujourd'hui, cette école est fermée, par suite de l'état de santé de son honorable chef, qui recevait, chaque année, de la ville une subvention de 1,000 fr.

Le Conseil municipal s'est rappelé tous les services rendus au pays par cet établissement secondaire, dont l'origine remonte à soixante ans ; en conséquence, il a résolu de le faire revivre, et, dans sa séance du 3 mai dernier, il a voté une subvention annuelle de 2,000 fr. destinée à faciliter son rétablissement et à le soutenir.

Cette école, suivant le vœu du Conseil, aura un enseignement *littéraire*, *scientifique*, *industriel et commercial*.

Société de Secours mutuels.

Notre ville, Messieurs, se trouve largement partagée, au point de vue des sociétés de secours mutuels : outre celle approuvée, que nous avons l'honneur de présider, et fondée en vertu du décret organique du 26 mars 1852, il en existe deux autres, qui, malgré leur caractère privé, ne sont pas moins recommandables, tant par leur bonne administration que par la sagesse des chefs habiles à l'initiative desquels elles sont dues ; seulement, j'ai un regret à exprimer, c'est qu'elles ne viennent pas se fondre dans la nôtre, qui jouit de toutes les prérogatives et de l'organisation réservées aux sociétés approuvées ; car il existe une grande différence entre les sociétés privées et les sociétés approuvées.

L'existence des premières est analogue à celle des associations auxquelles s'applique l'article 291 du Code pénal, remis en vigueur par le décret du 25 mars, qui a

précédé le décret organique. Que résulte-t-il de ces dispositions? C'est que les sociétés dont il s'agit sont éphé-
mères, et qu'elles ne subsistent qu'en vertu d'une autori-
sation administrative, toujours révocables, sans qu'elles
aient aucun recours.

Les sociétés approuvées, comme la nôtre, se trouvent
au contraire sous la protection officielle de l'autorité;
elles ont donc une existence légale, qui leur donne l'état
d'être moral, de personne juridique, apte à remplir
activement ou passivement tous les rôles de la vie civile.

Le soulagement que notre société procure aux ouvriers,
à l'aide d'une cotisation de 75 centimes par mois, prise
sur leur salaire, consiste dans le paiement des visites du
médecin, des médicaments et d'un secours en argent, qui
remplace, ou à peu près, le prix de journées que la maladie
empêche de gagner; en outre, la Société supporte les
frais des funérailles.

Des membres honoraires, en assez grand nombre, viennent grossir la bourse de la Société, sans y puiser.

Tels sont les soulagements que notre Société procure
aux ouvriers que la maladie fait tomber dans la détresse.

Société de St.-Vincent-de-Paul.

Une société de St.-Vincent-de-Paul a été fondée à
L'Aigle; elle fonctionne depuis au moins 15 ans; cette
institution, actuellement dirigée par M. Alexandre Hurel,
contribue aussi largement que le lui permettent ses ressources, au soulagement des malheureux.

C'est le moment d'adresser nos éloges et notre reconnaissance à son honorable Président, qui consacre une
grande partie de ses économies de temps et d'argent au
soutien de l'infortune.

Caisse d'épargnes.

Une caisse d'épargnes a été établie à L'Aigle ; son ouverture remonte au 12 mars 1837.

Les domestiques et les ouvriers ont hésité long-temps à y déposer leurs économies : il a fallu tous les efforts et les encouragements des maîtres et des manufacturiers pour vaincre cette résistance passive ; avec le temps, une grande amélioration s'est manifestée, et, aujourd'hui, cette institution est en plein progrès.

Au 31 décembre dernier, sa situation était :

Livrets, 811.

Solde due aux déposants	259,024 07
Fonds de dotation et de réserve . . .	12,709 57
Total.	271,733 64

Bureau de bienfaisance.

Un Bureau de bienfaisance, fondé depuis longues années, procure des secours à de nombreux pauvres.

Les deniers dont il dispose sont distribués par l'organe de MM. les Curés, seuls bien à même d'apprécier et de connaître tant de misères qui, pour être cachées, n'en sont que plus cuisantes.

Ces Messieurs se font renseigner par des Dames de quartier, sur les besoins de ceux qui ont droit à la charité publique. Dans la paroisse de Saint-Martin, ces Dames distribuent elles-mêmes l'aumône, d'accord avec leur Pasteur.

Cette organisation a le mérite d'intéresser un plus

grand nombre de personnes aux souffrances des pauvres;
elle permet, en sus, à MM. les Curés d'être exactement
informés des besoins et des ressources de ceux qu'ils
sont appelés à secourir, car les pauvres sont exactement
visités par les Dames de quartier.

Je voudrais bien, Messieurs, passer sous silence l'habitude, contractée par plusieurs bonnes maisons de L'Aigle,
de distribuer l'aumône à leur porte, *à jour fixe, le 1er.
lundi de chaque mois.*

L'étranger, appelé par ses affaires à L'Aigle ces jours-
là, demande, tout étonné, ce que signifie cette foule, assié-
geant les rues et les portes; il serait tenté de croire à un
mouvement populaire.

Chacun y revêt l'habit le plus rapiécé; les haillons les
plus grotesques dominent; bien des béquilles ne servent
que ces jours-là: ceci est à notre connaissance personnelle.

Les pauvres qui s'agglomèrent ainsi appartiennent, en
majeure partie, à cette classe de mendiants paresseux qui
traînent une existence dépravée à travers toutes les
communes des cantons voisins, ayant pour gîte, dans le
jour, les cabarets, et les fermes la nuit, où ils s'imposent
très-souvent, la menace à la bouche.

Ces données du lundi sont, suivant nous, une honte,
une dépravation de l'espèce humaine; elles contrastent
singulièrement, d'abord, avec l'article 274 du Code pénal,
et plus encore avec l'esprit de progrès et de civilisation
qui a élevé notre ville au premier rang des cités indus-
rielles du département; je pourrais ajouter, sans être
taxé d'exagération, et d'une grande partie de l'Empire.

Espérons qu'avec le temps nos administrés, mieux
renseignés sur les devoirs de la charité, aideront l'Autorité à détruire ces processions du lundi, pour consacrer

au soutien de la vraie misère l'obole qu'ils lui destinent.

Il faut réunir les aumônes dans un centre commun, les répartir, avec une sage mesure et une rigoureuse équité, entre tous les pauvres de la commune.

Établissement des Sœurs de la Miséricorde.

Cette institution a été fondée par Mlle. Marie-Désirée Marais, la plus sainte et la plus charitable des filles qu'on puisse rencontrer sur cette terre ; à son décès, arrivé le 6 octobre 1847, toute la population de L'Aigle fut en deuil ; la reconnaissance publique lui érigea un monument, modeste comme ses vertus, consistant en une pierre de marbre blanc, qui porte cette inscription :

A MARIE DÉSIRÉE MARAIS,

LA MÈRE DES PAUVRES,

SES CONCITOYENS.

6 OCTOBRE 1847.

Désirée Marais vivait de la vie des pauvres, quoiqu'elle fût dans l'aisance.

Une des rues de L'Aigle porte le nom de cette bienfaitrice de l'humanité.

Elle avait consacré toute son existence et sa fortune au soulagement des pauvres de la ville ; aussi, sentant ses forces défaillir, elle fit venir des Sœurs de la Miséricorde qu'elle chargea de continuer son œuvre, et les installa à ses frais.

Bientôt, le Conseil municipal, frappé des bienfaits de cette institution, lui assura un revenu qui s'est un peu accru par différents legs pieux.

Les Sœurs de la Miséricorde ont, pour mission toute particulière, de donner des soins aux pauvres malades :

mission sublime ! qui réclame, pour être bien comprise, une âme élevée et généreuse ; pour être bien remplie, une foi vive, de l'énergie, du courage et une abnégation complète de soi-même.

Ajoutons enfin, et nous sommes heureux de pouvoir le proclamer, que cette mission est admirablement remplie par ces saintes filles, qui font à L'Aigle l'admiration de toutes les classes de la société.

Hospice.

L'Hospice de L'Aigle, principalement destiné aux vieillards infirmes de la ville, peut contenir 40 à 45 lits.

Les malades sont confiés à des Religieuses de l'ordre de saint Thomas de Villeneuve, dont les soins empressés et compatissants pour ces pauvres victimes de l'âge contribuent puissamment à calmer leurs douleurs morales et physiques.

Il est fâcheux que dans notre ville, où le besoin d'un hôpital se fait si vivement sentir, il soit si rarement l'objet de dons ou de legs ; et, cependant, est-il au cœur humain de sentiment plus noble et plus inné que celui de la commisération et de la pitié ?

Qu'il nous soit donc permis d'exprimer le regret de ce que, parmi les bienfaits que répand chaque année la charité publique, nous en voyons si rarement qui lui soient destinés.

L'Hospice dont les ressources sont beaucoup au-dessous de ses besoins, possède un revenu d'environ 12,000 fr. ; la ville lui accorde une subvention de 2,000 fr.

Si cet établissement de bienfaisance, malgré ses faibles ressources, rend cependant tant de services, on le doit aux soins et au dévouement de la Commission administrative ; nous sommes heureux de constater tout ce que la ville doit de reconnaissance aux honorables membres qui la composent.

Dans l'église dudit hospice, à droite en entrant, sur l'un des murs de la nef, on remarque une table de marbre noir, sur laquelle sont gravés, en lettres d'or, les noms des bienfaiteurs de cet établissement qui puissent être cités jusqu'à ce jour.

On y lit ce qui suit :

HOMMAGE DE RECONNAISSANCE
A LA CHARITÉ.

—

BIENFAITEURS DE L'HOSPICE DE L'AIGLE :

1819. M. Legrand de Boislandry (Paul-Théophile), ancien maire de L'Aigle.

1824. Mᵐᵉ. Rassant (Marie-Madelaine-Élisabeth), veuve de M. Alexandre-François Deshayes du Tremblay.

1829. M. Hamel (Nicolas), curé de L'Aigle.

1833. Un anonyme.

1853. M. Saillard (Luc-François), administrateur de l'Hospice.

1853. M. Léclancher (Jean-Étienne), prêtre, administrateur de l'Hospice.

1834. Mᵐᵉ. Boutey (Aurore-Marie-Antoinette-Charlotte), veuve de M. Nicolas-François Housset.

1844. M. Legrand de Boislandry (Louis).

1845. Mᵐᵉ. Toutain (Eugénie), épouse de M. Pierre-Jean-Félix Mouchel, à L'Aigle.

1850. Mᵐᵉ. Moutardier (Catherine-Portienne), veuve de M. Louis-François Masson.

1853. M. Gérard (Michel).

1856. Mᵐᵉ. Marie-Louise Gouhier, veuve de Pierre-Louis-Théodore Godefroy.

Mœurs industrielles.

Le chiffre exact de la population de L'Aigle qui se livre

à l'industrie métallurgique est difficile à établir, mais il excède certainement le tiers.

Deux classes bien distinctes se partagent la population ouvrière : l'une, qui est agglomérée dans les usines et qui appartient, pour la majeure partie, à la masse flottante de la population, et celle qui travaille au foyer domestique.

Dans la première, les mœurs sont plus relâchées; les principaux éléments de désordre sont le jeu et l'intempérance.

Dans la seconde, l'ouvrier mène généralement une vie plus régulière : les dimanches et jours de fêtes, il partage avec sa femme et ses enfants les plaisirs honnêtes qu'il se procure : tel est, du moins, l'esprit du plus grand nombre.

Pour arriver le plus possible à la moralisation de la classe ouvrière, que faut-il?

Cette question s'adresse d'abord à ceux qui sont chargés par leur position sociale de la commander. Ils doivent, en tout et pour tout, donner le bon exemple.

Elle s'adresse aussi à ceux qui dirigent nos écoles primaires :

Faire germer, dans l'âme de tous, des principes de morale et de religion; leur montrer la dégradation de l'homme qui s'abandonne aux excès, et, en même temps, leur faire entendre la voix de l'intérêt personnel qui crie sans cesse à tous que l'ordre, l'économie et la bonne conduite sont les éléments indispensables du succès dans les choses de ce monde.

N'y aurait-il point moyen aussi, pour concourir au résultat que nous nous proposons tous, de distribuer des récompenses et des encouragements aux ouvriers et aux ouvrières de l'industrie les plus méritants?

Le Conseil général allouerait une somme destinée à cet objet.

Qui vous dit, Messieurs, que l'Empereur n'accorderait pas , de son côté, une subvention consacrée aux mêmes encouragements ?

Un arrêté du Préfet déterminerait les conditions à remplir par les ouvriers, pour avoir droit aux récompenses à distribuer.

Ces prix seraient accordés aux plus méritants des ouvriers et ouvrières du département, cités pour un dévonement exceptionnel envers leurs patrons , ou pour un long séjour dans la même fabrique, ou pour l'invention d'un procédé utile à l'industrie.

L'arrêté indiquerait ensuite les pièces à produire, et organiserait la Commission qui devrait juger le mérite des postulants.

Nous livrons à vos méditations, Messieurs, cette idée philanthropique ; elle est, du reste, en conformité parfaite avec la mission que vous vous proposez : l'œuvre immense de la civilisation, qui, du reste, fait chaque jour de rapides progrès.

Permettez-nous, Messieurs, avant de finir, de vous exprimer tous nos sentiments de gratitude et de reconnaissance : la ville de L'Aigle se souviendra long-temps de votre passage, par le nouvel essor que vous aurez donné au commerce , à l'agriculture, aux institutions philanthropiques , et par les heureux résultats qu'elle ne peut manquer d'en retirer.

La séance est levée à 5 heures.

Le Secrétaire ,

F. LE BLANC.

CONSEIL GÉNÉRAL ADMINISTRATIF.

(20 JUILLET 1861.)

Présidence de M. DE CAUMONT, directeur-général.

A 7 heures du soir, les inspecteurs de l'Association normande se réunissent, en séance administrative, à l'hôtel-de-ville de L'Aigle.

Siégent au bureau : MM. PRÉTAVOINE, MABIRE, MASSIOT, le comte DU BUAT et DE WITT.

M. LE BLANC remplit les fonctions de secrétaire.

M. de Caumont rappelle que, chaque année, pendant son Congrès, l'Association tient une séance administrative dans laquelle elle entend les observations de MM. les Inspecteurs, en même temps qu'elle arrête dans quelle ville aura lieu le congrès l'année suivante.

Il fait de nouveau appel au zèle de MM. les Inspecteurs, tant des cantons que des arrondissements. Il les invite chaleureusement à travailler à l'œuvre commune, à faire connaître de plus en plus l'Association et tout le bien qu'elle a fait à l'agriculture de la Normandie, enfin à recruter le plus de membres possible afin que, recevant chaque année l'*Annuaire*, ils puissent profiter des excellents enseignements qu'il renferme. Il est heureux, en cette circonstance, de *citer comme modèles de dévouement et de zèle :* MM. Massiot, inspecteur de l'arrondissement de Mortagne ; Cécire, inspecteur du canton de L'Aigle ; Jousset, inspecteur du canton de Bellême ; E. Pelletier, inspecteur du canton de Nocé, qui, en deux années, ont élevé de 40 à 400 le nombre des membres de l'arrondissement.

M. le Président rappelle aussi que MM. les Inspecteurs cantonaux ont le droit de réunir, chaque année, en séance les membres de leur canton, et montre l'avantage que l'Association pourrait retirer de ces séances annuelles.

M. Mabire demande la réimpression des Statuts de l'Association et en réclame une trentaine d'exemplaires pour chaque inspecteur.

On procède ensuite à la nomination de quelques inspecteurs de l'Association. M. du Poërier de Portbail, inspecteur de l'arrondissement de Valognes, est nommé inspecteur divisionnaire du département de la Manche. Il reçoit, à cette occasion, les sincères remerciments de la Compagnie, pour le zèle intelligent avec lequel il a introduit l'enseignement agricole dans plusieurs écoles de son arrondissement. L'Assemblée lui adresse, en même temps, de nouveaux encouragements pour le projet qu'il forme d'organiser cet enseignement dans tout le département.

Sont également nommés: inspecteur de l'arrondissement d'Alençon, M. le baron Le Guay, président de la Société d'horticulture et du Comice agricole; inspecteur de l'arrondissement de Valognes, M. Othon, avocat, à Valognes; inspecteur du canton de Courtonne (Orne), M. Geret, propriétaire, à Ste.-Scolasse; inspecteur du canton de Regmalard (Orne), M. Louvel, instituteur communal de ce canton; inspecteur du canton d'Yvetot, M. Maurice, juge suppléant; inspecteur du canton de St.-Valéry-en-Caux, M. Girard, propriétaire.

On proclame ensuite 150 nouveaux membres.

Après ces nominations, M. le Président amène la discussion sur le lieu où se tiendra le Congrès en 1862. Il rappelle qu'en principe, au congrès de Cherbourg, la ville d'Yvetot avait été désignée comme siége du congrès de 1862. A cet effet, pendant le cours de l'année, il s'était mis en relation avec le Conseil municipal de cette ville. Mais des motifs, qu'il serait long de faire connaître, ont fait désirer à M. le Maire d'Yvetot que la réunion de l'Association dans cette ville fût ajournée. M. de Caumont présente la dernière lettre de ce magistrat, qui est trop positive à cet égard pour qu'il soit possible de ne pas faire immédiatement un autre choix.

Après avoir entendu MM. Mabire, de La Sicotière, d'Estaintot, Prétavoine, Morière et plusieurs autres membres, trois localités sont indiquées comme pouvant être choisies : *Dieppe*, *Elbeuf*, *Valmont*.

M. d'Estaintot, en exprimant ses regrets bien sincères de ce que la ville d'Yvetot ne puisse recevoir l'Association, demande Dieppe pour siége du Congrès. M. Morière parle en faveur de Valmont, où M. Barbé s'occuperait de la préparation et de l'organisation du Congrès. M. Mabire insiste vivement pour la ville d'Elbeuf. M. Prétavoine appuie cette proposition, puisque cette ville possède dans ses environs des terres assez fertiles et qu'elle renferme d'importantes industries.

La discussion étant close, le scrutin est ouvert. Une grande majorité se prononce en faveur d'Elbeuf.

Le Congrès de 1862 se tiendra donc à Elbeuf. M. Victor Grandin, président de la Société archéologique de cette ville, est chargé de sa préparation et de son organisation.

A 8 heures la séance est levée.

Le Secrétaire,

F. LE BLANC.

CONCOURS DES INSTRUMENTS ARATOIRES ET DES PRODUITS AGRICOLES.

(SAMEDI 20 JUILLET.)

A 8 heures 1/2, M. DE CAUMONT, directeur, s'est transporté avec les membres du Bureau sur le champ du concours, où les instruments aratoires avaient été classés et rangés par les soins de la Commission et des commissaires généraux, MM. CÉCIRE et MAZIER.

Le Jury des instruments aratoires et des produits, composé de MM. DESVAUX, de Mondoubleau, le comte DE BROSSE, de Chennebrun, près Verneuil; le comte D'ESTAINTOT, de la Seine-Inférieure; le baron DE WITT, du Val-Richer; le baron D'IRAY, d'Iray (Orne); LE BOULLEUR, de Breteuil; DE LIESVILLE, de Falaise, et MM. les Inspecteurs, faisant de droit partie du Jury, sont entrés en séance et ont visité dans le plus grand détail les machines agricoles et les produits rangés sur le champ du concours.

Le soir, la Commission s'est réunie pour arrêter l'ordre des récompenses qu'elle devait décerner le lendemain, et pour discuter les titres des exposants.

JOURNÉE DU DIMANCHE 21 JUILLET.

A aucune époque, la ville de L'Aigle n'avait été témoin d'une animation pareille à celle qui n'a cessé d'exister pendant toute la tenue du Congrès provincial de l'Association normande. On n'évalue pas à moins de 15,000 le nombre des étrangers qui sont venus assister aux fêtes splendides organisées en l'honneur de l'Association. Le dimanche, dès l'aurore, le canon annonçait le commencement de cette belle journée qui devait si dignement couronner les travaux du Congrès. Dès le matin, une foule immense inondait les rues : les uns allaient à la place de la Mairie ; d'autres à l'Exposition industrielle, si intéressante à visiter ; d'autres enfin à l'immense place du Parc, qui devait être le théâtre des principaux événements de la journée. Sur la droite se trouvait la magnifique exhibition des animaux des races bovine, ovine et porcine, organisée et disposée par les soins de M. Cécire, commissaire général du concours, dont le dévouement a contribué si puissamment à la réussite du Congrès. A côté de cette exhibition étaient rangés les machines aratoires et les produits agricoles. Sur la gauche de la place, on pouvait admirer un élégant pavillon, se détachant sur un fond de verdure, qui devait recevoir les membres de l'Association et les Autorités du département pour la distribution solennelle des primes. A droite et à gauche de ce pavillon, deux petites estrades avaient été élevées, l'une pour la Musique municipale, l'autre pour l'Orphéon de Verneuil, qui devaient faire entendre leurs belles fanfares et leurs accords harmonieux pendant la séance générale de distribution. Au centre de la place, un aéronaute gonflait déjà son ballon et l'on dressait les échafaudages d'un feu d'artifice. Enfin , on préparait des illuminations avec des verres aux mille couleurs. Tous ces préparatifs étaient favorisés par le soleil le plus radieux.

La population tout entière prenait l'intérêt le plus vif à ces spectacles si nouveaux et si variés. Elle comprenait, en effet, que ce n'était pas là une vaine pompe, mais bien la fête du progrès industriel dont elle est , à juste titre , si fière, et celle du progrès agricole, de ce progrès auquel tous les hommes , riches comme pauvres , doivent demander , les uns la conservation et le développement de leur bien-être ; les autres l'allégement à leurs misères , l'amélioration de leur sort ; de ce progrès , en un mot , essentiellement moralisateur et ami de l'ordre , qui doit se développer indéfiniment avec les besoins et les lumières des sociétés.

CONCOURS D'ANIMAUX.

A 8 heures du matin , MM. DE CAUMONT , MORIÈRE , secrétaire-général de l'Association ; DE LA SICOTIÈRE , inspecteur divisionnaire de l'Orne ; LE BLANC, trésorier , et les autres membres du Bureau de l'Association se rendaient au concours des animaux , organisé par M. CÉCIRE, et y installaient le jury des races bovine , ovine et porcine.

Ce jury était composé de MM. MABIRE , maire de Neufchâtel , président ; PRÉTAVOINE, maire de Louviers, rapporteur ; le baron DE WITT , propriétaire-agronome , au Val-Richer (Calvados) ; le baron LE GUAY , membre du Conseil général de l'Orne ; DESVAUX , propriétaire-agronome , à Mondoubleau (Loir-et-Cher).

Grâce aux mesures prises par l'Administration municipale , le Jury a pu fonctionner , malgré la foule , au milieu de l'ordre le plus parfait. Ses opérations étaient terminées à onze heures et demie.

____

MESSE EN MUSIQUE.

A dix heures, les tambours et les clairons , les cloches sonnant à toute volée annonçaient la réunion des membres de l'Association, des Autorités de la ville et des corporations d'ouvriers dans la cour de la Mairie. Bientôt cet imposant cortége s'est mis en marche, escorté par la belle Compagnie de pompiers , les 28 bannières des sociétés de la province et celles des industries de la ville, et s'est rendu à l'antique église Notre-Dame pour assister à une messe solennelle célébree par le vénérable doyen. La Musique municipale a exécuté plusieurs morceaux de bon choix et parfaitement rendus ; l'Orphéon de Verneuil a fait entendre ses meilleurs morceaux.

____

DISTRIBUTION DES PRIMES ET DES MÉDAILLES.

Présidence de M. le comte DE MATHAREL, préfet de l'Orne.

À trois heures du soir, le cortége s'étant réuni de nouveau à la Mairie, se met en marche vers la place du Parc au milieu d'une foule innombrable pour procéder à la distribution solennelle des primes et des médailles. L'Association normande, les autorités, les fonctionnaires et les nombreux invités qui se trouvaient dans le cortége, prennent place sur l'estrade.

M. le comte DE MATHAREL, préfet de l'Orne, occupe le fauteuil de la présidence. Il appelle à ses côtés : M. DE CAUMONT, fondateur et directeur de l'Association normande; M. MAZIER, maire de L'Aigle; M. CRÉTET, auditeur au Conseil d'État, sous-préfet de Mortagne ; M. MORIÈRE, secrétaire de l'Association; MM. DAVID et DE CHASOT, députés au Corps législatif ; M. DE CHABENCEY, ancien député ; M. MARC, administrateur des chemins de fer d'Orléans ; M. LE BLANC, trésorier, et tous les inspecteurs présents. Plus de 600 membres occupent le reste de l'estrade, ainsi que les abords; 10,000 personnes se pressent et veulent entendre les orateurs qui vont prendre la parole. Le canon se fait entendre et annonce l'ouverture de la séance.

M. le Préfet de l'Orne se lève et prononce un discours qui reçoit, à plusieurs reprises, de chaleureux applaudissements. S'adressant d'abord à l'Association normande, il donne à cette Société si utile les justes éloges qu'elle est accoutumée à recevoir dans toutes les contrées de la

Normandie, et exprime le plaisir qu'il éprouve de lui apporter le témoignage de la vive sollicitude du gouvernement et de l'administration du département en ce qui la concerne. Puis, il s'étend sur les immenses avantages qui doivent résulter, pour la société tout entière, des progrès bien dirigés de l'agriculture et du respect de cette profession, qui tiendra toujours le premier rang. L'orateur rend ensuite un hommage bien mérité à l'industrie de L'Aigle et, par suite, à l'industrie en général dont les produits font la richesse des nations.

Il fait espérer à cette cité laborieuse et si digne d'intérêt que, dans un bref délai, une voie ferrée la reliera à la capitale et au reste de l'Empire, et rendra ainsi plus facile le débouché de ses produits. Il termine en l'assurant de toute la sollicitude qu'il porte à tout ce qui la concerne.

De nombreux applaudissements répondent à ce discours.

MM. les Rapporteurs des divers jurys sont ensuite invités, tour à tour, à proclamer le résultat de leurs opérations.

La parole est d'abord à M. G. Massiot, inspecteur de l'Association normande pour l'arrondissement de Mortagne. Il lit le rapport suivant :

RAPPORT DE M. E. PELLETIER,

Membre du Conseil général de l'Orne, inspecteur de l'Association pour le canton de Nocé,

Au nom du Jury chargé de l'examen des fermes de l'arrondissement.

MESSIEURS,

L'Association normande réserve toujours à l'agriculture la plus large part dans ses congrès. Elle prend tous les soins pour s'assurer, sous ce rapport, de l'état de l'arrondissement où se trouve la ville qu'elle a choisie pour siége de sa réunion.

Elle rédige à l'avance un questionnaire approprié aux besoins et aux intérêts de cette même contrée ; elle nomme une commission pour visiter les fermes ; elle fait connaître, et par affiches et par circulaires, l'époque et le but du congrès ; elle fait appel aux personnes intelligentes du pays ; elle va au-devant de ceux qui désirent concourir pour les primes d'honneur qu'elle décerne aux meilleurs cultivateurs ; elle n'oublie pas non plus les instituteurs primaires, qui tiennent en main l'instruction et la moralisation des enfants du peuple.

Comme vous le voyez, Messieurs, elle ne néglige rien de ce qui peut vivifier l'enquête et lui faire porter les meilleurs fruits.

Il en a été ainsi pour notre congrès de L'Aigle. Dès le 1ᵉʳ. juin, une commission spéciale a été désignée pour visiter les fermes de l'arrondissement.

Cette commission a été composée ainsi qu'il suit :

M. *Hurel-Masson*, ancien président du Tribunal de commerce, président de la Chambre des arts et manufactures de L'Aigle ;

M. *Ephrem Houel*, inspecteur des haras ;

M. *Vivien*, notaire et membre de la Chambre des arts et manufactures de L'Aigle, ancien président de la Chambre des notaires de Mortagne ;

M. *Lucien Cohin*, propriétaire-agriculteur, membre du Conseil général de l'Orne ;

M. *Napoléon Donnet*, ancien élève de Grignon, ancien organisateur des Comices agricoles du Piémont et de la Savoie, chef de l'exploitation agricole de Chennebrun ;

M. *Lebaudy*, propriétaire-agriculteur ;

M. *Paul Bourget*, propriétaire-agriculteur ;

M. *Gustave Massiot*, juge-suppléant, vice-secrétaire du Comice agricole, inspecteur de l'Association normande pour l'arrondissement de Mortagne ;

M. *Emile Pelletier*, propriétaire-agriculteur, inspecteur de l'Association normande, membre du Conseil général de l'Orne.

Aussitôt après sa nomination, la Commission des fermes a commencé ses visites agricoles. Chaque ferme visitée a été l'objet d'un rapport détaillé. Nous avons adopté cette méthode comme devant rassembler plus de faits, plus d'éléments de comparaison ; le travail devenait plus grand, mais la décision de la Commission devait en être d'autant facilitée.

Un autre motif nous avait engagé à suivre cette méthode : en présentant dans ses détails l'ensemble d'une culture, il est plus facile d'en comprendre les avantages ou les défauts ; ce qui nous était utile à nous-mêmes nous a semblé pouvoir rendre des services à d'autres, et nous avons continué de dresser des comptes-rendus détaillés de chacune de nos visites.

Nous n'avons pas la prétention d'avoir vu toutes les cultures soignées et progressives : notre tâche, déjà difficile, fût devenue impossible. La Commission, d'ailleurs, pense avoir étendu son action autant qu'il était en son pouvoir. Partout où elle a cru rencontrer un progrès en agriculture, en sylviculture, en construction rurale, en amélioration foncière quelconque, elle n'a ménagé ni ses pas ni sa peine, elle a voulu en garder souvenir.

Dans chacune de ces notices, nous nous sommes attachés à décrire la nature du sol, l'état et les procédés de la culture, le nombre et la qualité du bétail et les faits qui nous ont semblé dignes d'attention. En suivant pour tous une table, qui sans doute peut ne pas être irréprochable, mais qui offre l'avantage de rapporter les faits à l'unité, nous avons donné la quantité de têtes de gros bétail en regard du nombre d'hectares cultivés.

Chacun pourra suivre ainsi le mouvement cultural chez nos meilleurs agriculteurs, comparer les méthodes diverses et puiser dans la lecture de ces documents des enseignements pratiques qui, nous l'espérons, ne seront pas sans fruit.

Nous regrettons bien vivement de ne pouvoir pas même vous lire ici les visites des exploitations d'élite auxquelles l'Association normande va décerner des récompenses; nous nous bornerons à vous donner la liste des lauréats dans l'ordre suivant.

Sur la proposition de la Commission des fermes, l'Association normande accorde:

1°. Une médaille de vermeil et la coupe d'honneur à M. Cécire, propriétaire-agriculteur, à la Galerie près L'Aigle, pour ses belles productions, pour le remarquable bétail entretenu en très-grand nombre sur sa terre, pour l'amélioration extraordinaire du sol qu'il exploite, pour la supériorité de sa méthode culturale et pour ses efforts persévérants dans la voie du progrès agricole;

2°. Une médaille de vermeil et 100 francs à M. Leroy, fermier, au Chaplis près L'Aigle, pour la bonne tenue et la régularité de son exploitation, la beauté de son bétail et les améliorations foncières qu'il a exécutées sur la terre dont il est fermier;

3°. Une médaille de vermeil à M. Vaux, propriétaire-agriculteur, aux Mesnus, maire de la commune de St.-

Quentin-de-Blavou, pour sa culture bien appropriée au sol qu'il exploite, ses travaux, la tenue soigneuse de son matériel, la beauté de son bétail et surtout pour la comptabilité qui éclaire sa marche depuis 1838 et lui enseigne les améliorations possibles et les écueils à éviter ;

4°. Une médaille d'argent à M. Fardouet, cultivateur à la Beuvrière, maire de la commune de Verrières, pour sa bonne culture, le soin qu'il prend des divers travaux de son exploitation et pour son magnifique bétail ;

5°. Une médaille d'argent à M. Alexis Segouin, cultivateur, au Prieuré de Ste.-Gauburge, pour les soins qu'il apporte dans toutes les branches de son exploitation agricole ;

6°. Une médaille d'argent à M. Germond, propriétaire-cultivateur, commune de Condeau (canton de Regmalard), pour la beauté et la régularité de la ferme qu'il a construite à neuf, et pour l'heureuse disposition des corps de bâtiment qui en facilite l'usage et permet d'y exercer une utile surveillance ;

7°. Une médaille d'argent à M. Mesnel, propriétaire-cultivateur, à St.-Hilaire-sur-Risle, pour avoir donné dans la contrée l'exemple du drainage en tuyaux ;

8°. Une médaille d'argent à M. Chouanard, fermier, à la Roussière, commune de Verrières, pour avoir drainé plus de dix hectares de prés marécageux et les avoir assainis au moyen de notre vieux drainage français préconisé jadis par Olivier de Serres ;

9°. Une médaille d'argent à M. Elzéar David, propriétaire-pépiniériste, à la Chapelle-Viel, pour ses pépinières remarquables ;

10°. Une médaille d'argent à M. Lucien-Alexis Fromage, propriétaire-cultivateur, fabricant de fromages, à

St.-Cyr-la-Rosière, pour la supériorité de sa fabrication de fromages, pour l'utilité de cette industrie fondée dans le pays par sa famille et la persévérance qu'il met à faire prospérer cette industrie qui, si elle recevait les développements qu'elle comporte, accroîtrait considérablement la richesse du pays.

Tels sont, Messieurs, les noms que la Commission des fermes a voulu plus spécialement indiquer, comme méritant des récompenses ; mais beaucoup d'autres ont appelé son attention.

S'il nous était possible de vous entretenir longuement des merveilles qui ont frappé la Commission, nous vous ferions, par la pensée, parcourir avec nous les propriétés dont suit la nomenclature :

L'exploitation modèle du monastère de la Grande-Trappe, situé commune de Soligny ;

Le domaine du Houssay, commune de St.-Aquilin, transformé par les savantes pratiques de M. Villermé ;

Le domaine du Châtelet, près des Apres, où M. le vicomte de Caudecoste a entrepris d'immenses travaux et obtenu de brillants succès ;

Le domaine de Chandai, où M. Maze, négociant à Rouen, a fait l'emploi de quantités considérables de résidus de fabrique pour engraisser le sol et le changer de nature ;

La ferme de Luctières, commune de Moulicent, où M. Lefèvre, fermier, a tenté d'introduire la culture du colza ;

La ferme d'Amilly, exploitée par M. Perriot d'une manière remarquable et présentant un mobilier vivant qui attire l'attention ;

La ferme du Breuil, commune de Mauves, où M. Pelletier pratique une excellente culture et entretient de superbes bestiaux ;

Celle non moins remarquable de la Vallée, appartenant à M. de Chasot, président du Comice agricole, et cultivée par M. Fromentin ;

La ferme du Houx, commune de Condeau, exploitée par M. Collas qui joint à beaucoup de soin, dans sa culture, le goût des améliorations ;

La ferme des Touches, commune de Dorceau, jadis assainie par M. Perriot père et maintenant cultivée par le jeune de ses fils ;

La ferme de l'Orgueillardière, appartenant à M. le comte d'Orglande et cultivée par M. Rigand ;

Celle des Écouvailleries (commune de St.-Ouen-de-la-Cour), exploitée par M. Duteil qui sait demander aux fougères de la forêt dont il est voisin un supplément de litière pour engraisser ses champs ;

Le domaine du Buat près de L'Aigle, exploité et foncièrement amélioré par M. Guilain, de Senonches ;

La ferme du Chailloué, appartenant à M. Duberne, qui l'exploite et l'améliore ;

La ferme de Landres, commune de Mauves, appartenant à M. de La Jonquière et cultivée par M. Boudon.

Nous avons aussi visité le domaine de Bois-Thorel, appartenant à M. Mouchel, de L'Aigle. De vastes prairies y ont été converties en *marcites* et l'irrigation s'y pratique admirablement. Tout est remarquable sur ce domaine; mais les améliorations des prairies et les travaux sylvicoles de l'infatigable M. Mouchel, ce qui était plus spécialement de notre ressort, nous ont vivement impressionnés.

Nous avons voulu voir encore les belles plantations forestières poursuivies par M. Troussel, membre du Conseil d'arrondissement, dans la commune de Bubertré;

Les magnifiques constructions rurales de M. Bourget, à sa ferme de la Cornillère près L'Aigle;

La ferme du Hal-Boudet, cultivée par M. Vivien, notaire à L'Aigle, selon les pratiques les plus progressives et les meilleures;

Et enfin les superbes plantations de sapins, les remarquables travaux forestiers de M. Hurel-Masson, aux portes de L'Aigle.

Il faut, comme nous, avoir visité ces belles fermes, ces grandes cultures de notre arrondissement, pour se faire une idée des travaux entrepris, de la richesse du bétail, de l'aisance, de l'activité et des soins de nos cultivateurs. Nous pouvons vous l'affirmer hardiment, partout le progrès se révèle; nulle part l'agriculture ne périclite entre les mains de nos populations intelligentes et laborieuses.

Nous regrettons bien vivement de n'avoir pu vous faire assister avec nous à la visite de tant de travaux admirables, au moyen desquels des sols ingrats deviennent fertiles et par lesquels une active et intelligente population s'enrichit en enrichissant son pays.

Le simple énoncé de nos visites vous indique assez, Messieurs, qu'il nous était impossible d'en dérouler les détails sous vos yeux; aujourd'hui les moments précieux de cette grande solennité sont trop étroitement comptés pour nous avoir permis d'entreprendre avec vous cette longue pérégrination à travers les cultures progressives et modèles de notre arrondissement; mais l'*Annuaire* de l'Association normande doit suppléer à notre silence sous ce rapport; et, si notre travail peut vous fournir quelques enseignements utiles, nous n'aurons pas à regretter nos

soins et nos démarches : notre double but aura été
atteint.

❖ ◇ ◇ ❖

1°. VISITE AGRICOLE.

LE MONASTÈRE DE LA GRANDE-TRAPPE,
COMMUNE DE SOLIGNY.

La Commission chargée par l'Association normande
de visiter les plus belles exploitations agricoles de l'arrondissement, et de lui signaler les progrès obtenus et les
essais sérieux tentés en vue d'améliorer la culture du pays
dans son ensemble ou dans quelques-unes de ses branches, avait à cœur de voir, dans tous ses détails, le remarquable établissement de la Grande-Trappe.

Elle s'était donné rendez-vous, le 1er. juillet, à l'au-
berge située à la porte du monastère, et s'y est rendue
à neuf heures du matin.

Elle a voulu préalablement faire une visite au R. P.
Abbé qui l'a reçue avec empressement et a mis à sa disposition, pour la guider dans son examen, le R. P. Cellérier, le directeur des travaux de cette magnifique exploitation, et l'auteur intelligent et infatigable de la plus
grande partie des améliorations qui ont transformé ce
lieu désert en plaines riches et couvertes de moissons.

En me confiant le compte-rendu de cette visite, la
Commission m'a imposé une lourde tâche ; j'aurai besoin
de toute votre indulgence. Malgré le soin et l'attention
que j'ai mis à recueillir mes renseignements, il m'échap-
pera bien des faits, bien des remarques au milieu de ce
champ de bataille agricole où l'infatigable travail lutte

tantôt avec l'aridité, tantôt avec l'humidité excessive du fonds. J'essaierai de faire ressortir l'importance de la victoire en rappelant souvent et à dessein, en regard des productions, la nature originairement ingrate de la terre qui les porte maintenant avec orgueil.

Sans chercher à présenter, dans un tableau calculé, les améliorations progressives d'après leur degré d'importance, je suivrai l'ordre que le hasard nous a dévolu. J'essaierai, en questionnant le R. P. Cellérier, en mettant au net ses explications judicieuses, de vous faire assister à cette intéressante visite que j'éprouve le plus grand embarras à décrire, après avoir ressenti la plus vive satisfaction à m'y associer.

Je n'ai aucun système de culture préconçu : j'attends de l'expérience des autres et de la mienne à être fixé à cet égard, et j'aurai d'autant plus de liberté pour vous exposer, dans leur véritable acception, les explications que le R. P. nous développait au fur et à mesure de notre parcours, à propos des divers travaux et, j'aime à le dire, des nombreux succès obtenus dans ces parages arides ou trop mouillés.

Qu'il nous soit permis tout d'abord, en rendant hommage à l'intelligence et à la science agricole du R. P. Abbé, de consigner ici son opinion relativement au drainage des terres et des prés, en le remerciant de son gracieux accueil.

Les tuyaux de drainage, nous disait-il, s'obstruent facilement. Il est préférable de les remplacer par des pierrées, quand la pierre est commune dans la contrée où se fait l'assainissement ; il ne s'agit pas de canaux en pierre, mais bien de fossés étroits remplis jusqu'à une certaine hauteur de pierres de petite dimension, jetées pêle-mêle et recouvertes d'une couche de mousse qui empêche l'introduction de la terre dans les interstices des pierres, etc.

Ce genre de drainage a été largement et fructueusement pratiqué à la Trappe, et le R. P. désirerait voir les prairies du monastère traitées par ce procédé antique et cependant, selon lui, plus efficace et plus durable que le système anglais.

Cette opinion n'a rien d'hostile, d'ailleurs, au drainage en général tel qu'il se pratique actuellement ; mais, pour préconiser des idées étrangères, il ne faut pas trop répudier celles de son pays quand elles portent avec elles la consécration de l'expérience et qu'elles peuvent, dans certains cas, rendre de bons services. Il nous a semblé utile de placer en face des éloges exclusifs dont les tuyaux ont été l'objet, de la part de quelques-uns, l'opinion du R. P. Abbé de la Trappe qui s'accorde, en ce point, avec la pratique séculaire du Perche.

Après s'être entretenu avec nous de diverses questions importantes d'agriculture, le R. P. a de nouveau recommandé au P. Cellérier de nous faire voir, dans tous ses détails, le monastère à l'intérieur et à l'extérieur.

« Faites voir à ces Messieurs, a dit le vénérable Abbé, nos cultures et nos travaux ; montrez-leur, dans ses plus grands détails, notre exploitation ; vous pouvez le faire mieux que personne, car les améliorations et les progrès sont en partie dus à vos soins. »

Nous allons donc commencer cette longue pérégrination à travers les prairies bordées de grands arbres et les champs couverts de riches productions.

Notre conducteur, comme s'il eût voulu placer notre œuvre sous les auspices les plus vénérés du monastère, nous a fait sortir par la porte qui conduit à la grotte de saint Bernard.

Ce petit monument, de rustique construction, s'élève en forme de niche tout près d'une eau limpide; il est bâti de débris de l'ancien monastère et rappelle que saint Bernard, fondateur de Clairvaux, aimait, au dire d'une pieuse tradition, à méditer dans ce lieu paisible sur la grandeur de Dieu et la vanité des choses de ce monde.

Nous arrivons à la pièce dite du Four, située à l'ouest du monastère. Il y a trois ans, elle était en pré de mauvaise nature. Pour en tirer bon parti, il a fallu d'abord assainir ce morceau contenant 5 hectares. Pratiquant le procédé dont il a été question ci-dessus, le R. P. Cellérier a fait, à 12 et 15 mètres d'écartement, suivant les besoins du sol, creuser, dans le sens de la pente, des rigoles de 90 centimètres de profondeur, se terminant au fond par une largeur de 10 centimètres. De la pierre de petite dimension a été jetée au fond des rigoles sur une hauteur régulière de 25 à 30 centimètres et recouverte d'une couche de mousse, suffisante pour protéger la pierrée contre le mélange de la terre qui comble la tranchée.

Le collecteur, dans lequel descendent tous les drains, en s'inclinant à la façon des feuilles de fougère, est construit de la même manière; il est seulement un peu plus spacieux et la couche de pierre est sensiblement plus épaisse.

Ce drain a obtenu, comme tous ceux que nous aurons occasion de rencontrer plus tard, le succès le plus complet. Le sol, de fangeux qu'il était, a permis à la charrue de préparer fructueusement et facilement des récoltes de toute nature; l'écoulement de l'excès d'humidité s'effectue et, somme toute, l'assainissement s'est produit. Pas un tuyau de drainage n'a été employé ; si, dans ce cas, comme dans ceux dont nous avons parlé, l'effet doit être considéré comme durable, cette amélioration aura été faite dans de bonnes conditions de promptitude et d'économie.

Au-dessous de cette pièce, vers le nord, s'étend un petit champ de blé de belle venue, mais dans lequel les gelées de l'hiver ont fait des vides qui ont été assez heureusement comblés par une semaille tardive de seigle.

Tout à côté, sur une étendue de 50 ares, est l'emplacement où l'on avait tenté d'établir une houblonnière.

L'essai a rencontré un sérieux obstacle dans l'humidité du sol et du climat. Cependant, la réussite couronnait les efforts qui y étaient appliqués ; mais un autre inconvénient a dû restreindre les soins et les sacrifices nécessités par cet essai : éloigné des centres de fabrication de bière, le monastère eût été surchargé de frais, tant pour la vente que pour le transport de la récolte de fleurs.

La dessiccation des cônes réclamait des précautions sans fin ; les perches demandaient à être renouvelées très-souvent et, tout compte fait, cette culture, devenant coûteuse en raison de ses faibles produits et des embarras qu'elle causait, a dû être abandonnée presque totalement par le monastère.

Le R. P. Cellérier nous a fait traverser la Vente-du-Parc, portion de forêt de l'État, autrefois possédée par le monastère qui l'avait fait sillonner de lignes bordées de hêtres, et nous sommes arrivés sur des terres nouvellement acquises par les religieux.

Quelques parties, celles du nord surtout, n'ont point encore été soumises au système améliorant pratiqué par l'abbaye ; elles sont cependant garnies de bonnes récoltes de blé et seigle, eu égard à l'année.

En nous dirigeant par le sud-ouest, vers le domaine des Bouillons, nous rencontrons de vastes pièces, autour desquelles des drains d'isolement ont été creusés. Entr'autres, dans une partie d'un hectare vers l'ouest, dans un sol où l'humidité ne permettait de rien attendre de la meilleure culture, malgré des sacrifices d'engrais et de labours, plusieurs pierrées ont été pratiquées et ce plafond fangeux est le plus remarquable de la plaine. Le blé y est serré, droit et haut. L'effet des pierrées a été de rendre à la production ce lieu que sa position naturelle condamnait à la stérilité.

Signalons, en passant, une manière ingénieuse de planter les arbres fruitiers dans ces sols argilo-siliceux. Au lieu de faire des trous plus ou moins larges et plus ou moins profonds, le R. P. Cellérier a fait, dans une plantation en quinconce, tracer des tranchées en tous sens, et, à leur intersection, les arbres à fruits ont été fixés. Dans ces terrains dont le sous-sol est imperméable, cette méthode favorise à un haut degré la reprise et la pousse des arbres fruitiers. C'est une sorte d'exutoire constant pour l'excès d'humidité : les racines s'étendent avec plus de facilité et, débarrassées de ce principal obstacle, elles peuvent puiser dans un sol convenable les sucs nécessaires à la végétation du tronc. Des tranchées, dans le sens des lignes, seraient déjà une très-bonne chose et nous avons cru, en faisant connaître le soin apporté par les RR. PP. Trappistes dans la plantation des arbres fruitiers, donner de l'importance à cette sage précaution si utile et pourtant si peu pratiquée dans notre arrondissement, où les arbres fruitiers sont une des causes générales de prospérité et de bien-être.

Revenons aux terres emblavées. La partie méridionale

de cette plaine présente de plus belles récoltes. La cause
en est dans les améliorations dont elle a été plus spécla-
lement l'objet. Quatre hectares environ ont été sillonnés
de pierrées et amendés par d'abondantes terrasses.

En raison même de sa nature éminemment durable et
économe, l'abbaye marche avec persévérance et progressivement dans la voie des améliorations. L'homme pris
isolément, soumis à cette dure loi du précaire, étant le
moteur de l'idée qu'il pratique et ne sachant pas s'il aura
un continuateur, doit se faire à lui-même un plan facile,
abrégé et relativement étroit. Il consulte ses ressources
et, mesurant sur elles ses projets et ses aspirations, il
prend surtout en considération le temps d'exécution. Pour
l'individu, il n'en peut être comme pour les corporations
qui vivent toujours, et pour lesquelles la mort d'un membre ne cause même pas un temps d'arrêt dans les desseins
de la Communauté.

Ces considérations nous expliquent pourquoi, dès l'a-
bord, la Trappe a marché la première à la tête du progrès agricole de notre pays, l'agriculture étant une de ses
bases principales ; pourquoi, dis-je, elle marche sans fai-
blir dans cette voie et comment, l'avenir restant ouvert
devant elle, ses améliorations peuvent prendre cette al-
lure progressive et, pour ainsi dire, réglementaire qui en
assure le succès et en garantit la durée.

Vers le sud , nous trouvons une pièce de 5 hectares
en avoine sur trèfle. Cette avoine est d'une végétation superbe. Il est facile de comprendre que, loin d'être sali de
mauvaises herbes après une récolte pareille, le sol éprouve,
au contraire, une action semblable à celle que lui aurait
procurée une récolte de plantes étouffantes. Ce que l'a-
voine aura enlevé à la terre, en fertilité, lui sera rendu

par les engrais de la sole suivante, et, en raison même
de l'abondance de la végétation, aucune herbe nuisible
n'aura pu se produire. Il n'en serait pas de même dans
une récolte mauvaise ou même médiocre : en agriculture
le succès amène ordinairement le succès.

Le R. P. Cellérier nous a déclaré que le seul moyen
d'obtenir sûrement des avoines aussi belles ou du moins
de bonne qualité, était, selon lui, de ne jamais faire
l'avoine qu'après défrichage de trèfle, sainfoin ou luzerne ; autrement l'avoine est chétive et donne tous les
mauvais résultats d'une récolte médiocre et souvent
mauvaise.

Ne pouvant creuser sur-le-champ toutes leurs pierrées,
les religieux ont dû se borner provisoirement à former
des ceintures tout autour des pièces, en attendant que
le réseau puisse être achevé.

Nous sommes au milieu des terres du monastère, et
nous remarquons la bonne disposition des chemins d'exploitation. Dans une culture vaste et assise sur des terrains aussi peu solides que ceux de la Trappe, un des
premiers soins devait être de rendre l'exploitation facile ;
les travaux sans nombre, occasionnés par la culture et
l'amélioration du sol, ne pouvaient s'effectuer que dans
des conditions onéreuses, sinon ruineuses, sans des voies
de communication bien dirigées et bien entretenues.

La Trappe n'a point négligé cette sage précaution et,
sur tous les points, se croisent de vastes chemins bombés,
pierrés et bordés de fossés. De la sorte, elle a donné au
fonds qu'elle se proposait d'améliorer les conditions indispensables pour le succès : aussi la Commission ne
passe-t-elle pas sous silence cette notable amélioration
qui, dans presque toutes les fermes qu'elle a visitées, lui

a paru le signe indubitable de l'intelligence du maître et du progrès de la culture.

Partout des avoines et des orges admirables et, eu égard à l'année, de bonnes récoltes de trèfle. Quant au blé, les résultats obtenus témoignent que si , dans les circonstances favorables, le travail et la bonne direction sont une cause certaine de succès et de profits, ils deviennent, dans les cas défavorables, une garantie contre les pertes qui font la désolation des cultures médiocres.

Sur la droite, en montant du monastère à la colonie, s'étend une vaste pièce inclinée vers le soleil couchant. Dans sa partie basse, elle touche à des taillis marécageux dans lesquels , au moyen de fossés d'assainissement , les bonnes essences de bois ont été propagées. Vers le sud , sur une étendue de 2 hectares environ, le drainage en tuyaux a été pratiqué, mais il n'a pu produire les effets qu'on en devait attendre : les drains se sont ensablés. D'ailleurs, toute la grande portion assise entre le monastère et la colonie, sur une étendue de 8 hectares, porte la récolte de pommes de terre la plus vigoureuse, la plus unie et la plus propre qu'il soit possible de désirer. Cette culture sarclée ne manquera certes pas son but d'amélioration pour les récoltes qui la suivront sur cette pièce ; elle témoigne de la bonne préparation du sol , et des soins intelligents et incessants apportés à la plantation et à l'entretien.

Avant de passer à l'assolement remarquable suivi par la Communauté, qu'il nous soit permis de dire un mot des conditions dans lesquelles ces résultats ont été obtenus au point de vue de la nature ingrate et rebelle du fonds. Nous avons vu que le succès avait couronné l'entreprise ; mais, pour mieux comprendre l'importance de ce succès, voyons ce qu'était le sol sur lequel il a été obtenu.

Le domaine exploité par les religieux de la Trappe est situé dans un bas-fonds argilo-siliceux. De toutes parts, sauf vers le nord, il est entouré de terrains assez escarpés et peu fertiles; quelques-uns sont même tout-à-fait improductifs. Cependant le travail infatigable des Trappistes a pu, de ce côté, gagner à la culture une étendue de terrain composée tantôt de sables arides, tantôt de tourbières où rien ne pouvait accéder auparavant.

Là, comme ils l'avaient fait pour les terrains situés au sud-ouest du monastère, les RR. PP. ont changé la nature du sol à force de terrassements dans les endroits sans profondeur et de travaux d'assainissement dans les pièces trop humides. Au moyen de l'écobuage et de tous les soins qu'appellent les défrichements, se sont produites de belles récoltes là où la nature avait elle-même posé les extrêmes limites de la fécondité.

Le R. P. Cellérier qui, depuis si long-temps, dirige cette entreprise, n'a rien négligé. Ce que les pierrées et les drains ne pouvaient produire assez vigoureusement a été hâté par tous les moyens. Le monastère possède une sonde qui permet de chercher sur place, dans un sous-sol perméable, l'écoulement des eaux superficielles, et de rassembler sur une même ligne les sources trop nombreuses d'un terrain absolument marécageux.

La Trappe, d'ailleurs, il n'est guère besoin de le démontrer, a marché avec les progrès de l'époque : désirant une abondante production, comprenant que les voies de communication sont une nécessité pour atteindre ce but et en tirer profit, elle a cessé de proscrire les routes qui ne la rattachent pas au monde, contre la pensée d'un de ses pieux fondateurs, et elle a recherché celles qui lui permettent l'extension du travail en le facilitant et surtout en ouvrant la porte qui laisse entrer la rémunération des sacrifices et des travaux les plus grands et les plus pénibles.

Sous ce rapport, la Trappe nous est encore un modèle : les chemins bien entretenus et bien dirigés de cette vaste exploitation sont un exemple frappant pour nos cultivateurs, qui presque tous délaissent les chemins, comme si la fortune publique et celle des particuliers ne se mesuraient pas sur leur nombre et leur praticabilité.

Pour terminer cet examen, donnons la distribution du sol adoptée dans la culture du monastère. L'assolement suivi nous a paru avoir favorisé, à un haut degré, l'accroissement des récoltes et l'amélioration du fonds : nous le recommandons à votre attention.

Il y a à la Trappe 120 hectares de terres labourables, cultivées selon l'assolement quadriennal, ainsi qu'il suit :

1re. Année.	15 h.	Jachère.	Le tout fumé.
	15	Plantes sarclées.	
2e. Année.	15	Blé.	
	15	Blé avec trèfle semé au printemps.	
3e. Année.	15	Trèfle.	
	15	Hivernages, vesces, pois pour fourrages.	
4e. Année.	15	Avoine sur défrichage de trèfle.	
	15	Orge sur la terre occupée par les vesces, etc.	

Avec cet assolement, le trèfle ne vient sur les mêmes terres que tous les huit ans ; car, la troisième année, il n'occupe que 15 hectares au lieu de 30 et, la quatrième année, il occupera les 15 hectares qui, quatre ans auparavant, avaient été ensemencés en graines rondes fourragères (vesces, etc).

Un autre avantage se présente : l'avoine aura la place qui lui convient ; elle suivra le trèfle. L'orge, de son côté, favorisée par les récoltes fourragères et les labours qu'on aura pu faire à loisir, donnera les meilleurs résultats.

Cette rotation empêche les mauvaises herbes d'envahir le sol ; elle le laisse reposer, eu égard aux variétés d'ensemencement ; elle permet, en un mot, d'obtenir de la terre, sans surcharge ni encombrement, tout le produit qu'il est sage de lui demander si l'on veut lui conserver une fertilitéconstante.

Nous allons passer aux animaux et aux constructions qui les abritent.

L'écurie aux chevaux, dans laquelle tout est parfaitement en ordre et de la plus grande propreté, est garnie de huit chevaux de travail qui sont puissamment aidés par les bœufs que nous trouverons plus loin.

L'étable aux vaches à lait, comme l'écurie, est sans luxe, mais propre et bien aérée. Elle est spacieuse et se débarrasse facilement de ses purins. Les vaches sont disposées sur deux rangs au nombre de trente, plus un taureau. Un magasin à fourrages précède ce vaste local et permet d'affourrager les râteliers sans perte de temps et de nourriture.

Plus loin, se trouve l'étable aux bœufs, garnie de trois jeunes veaux et de huit bœufs de travail.

Au-dessous, au fond d'une cour close assez vaste et pavée, se présente, exposée au nord, la porte du toit à porcs. Un long couloir, relevé des deux bouts et garni d'une rigole destinée à recueillir les urines, précède les dix boxes qui sont fermés par une porte coupée et une cloison fixe, aussi coupée à hauteur d'homme. Dans cette cloison est placé l'appareil à bascule qui permet de mettre les aliments dans l'auge sans être incommodé par les hôtes de chaque boxe et qui sert, en même temps, de clôture au-dessus de cette auge. Chaque compartiment est organisé de la même façon, et les vingt porcs qui y habitent sont dans des conditions bien convenables de commodité et de salubrité.

Ces porcs sont en partie de la race du pays et, pour le reste, de l'espèce anglaise ou croisés avec la précédente.

Les débris de la cuisine du monastère et les résidus de la laiterie aident grandement à les nourrir et à les engraisser.

Une pompe arrose à volonté la cour, dans laquelle il serait désirable de voir un abreuvoir évasé et peu profond ; tels qu'ils sont, les toits à porcs de la Trappe peuvent servir de modèle exempt de luxe, mais bien approprié à sa destination.

La culture de la Trappe n'est point dans une condition ordinaire : elle doit suffire à la nourriture des religieux et des petits colons, tout un nombreux personnel. Il ne faut donc pas comparer ses productions à celles des cultivateurs ordinaires, et considérer ses bestiaux en raison de l'étendue cultivée. Cependant, avec cette réserve, il ne semblera pas inutile d'indiquer le rapport du bétail avec l'étendue de l'exploitation :

120 hectares cultivés.

30 hectares, prés et pâtures.

150 hectares en totalité.

Nombre des animaux.		Têtes de gros bétail.
78 moutons.	. . . .	11
8 chevaux.	. . . .	8
30 vaches mères.	. . . . .	30
1 taureau.	. . . .	1
8 bœufs.	. . . .	8
3 veaux.	. . . .	1
20 porcs.	. . . .	5

Total des anim. 148   Têtes de gros bétail. 64

Pour un hectare, il y a, à la Trappe, 0.43 tête de gros bétail.

Toujours guidés par le R. P. Cellérier, nous avons visité la laiterie et la fromagerie. Là, tout est simple, tout est de la plus exquise propreté. Les fromages de Gruyère qu'on y fabrique ont le goût un peu plus relevé que le vrai Gruyère, et leur pâte est plus grasse. Cette fabrication, d'ailleurs, nous a semblé préférable, en raison de ce qu'elle est moins insipide et plus nutritive.

Poursuivant notre excursion dans ses plus minutieux détails, nous avons vu la cave et ses tonnes, le bûcher, le four, la boulangerie et deux fournées nouvellement cuites. Le pain est beau, bien préparé et bien cuit. Une forte addition de sel le ferait peut-être paraître de haut goût pour ceux qui ne composent pas exclusivement, comme à la Trappe, leurs repas de légumes, pendant l'année entière; mais, pour la nourriture du Couvent, il remplit toutes les conditions désirables.

Arrêtons-nous un instant à la buanderie. Un vaste bâtiment ouvert à l'est contient, à l'un de ses bouts, une buanderie économique pouvant contenir 250 litres d'eau et 80 kilog. de linge sec. Au moyen de 5 kilogr. de bois, la lessive est terminée en trois heures et le linge est livré aux nombreux frères qui, armés de battoirs, savonnent, frottent et frappent sur les planches qui entourent l'établissement. Quand le linge a subi cette opération, il est lavé à grande eau et battu de nouveau sur les dalles qui bordent le grand réservoir central. Alors, le linge est exposé à l'air et rentré parfaitement blanc dans les armoires de la Communauté. Promptitude, économie, propreté, commodité, tout est prévu par cette méthode nouvelle, digne d'être adoptée par des religieux autant amis de l'économie, qui permet de faire plus de bien, qu'ils sont ennemis du désordre et du gaspillage, cause de ruine pour les petits comme pour les plus grands établissements.

N'oublions pas la pompe à incendie que les religieux possèdent et manœuvrent depuis vingt ans. Quand il se déclare un sinistre aux environs, quarante personnes, tant moines que colons, accompagnent la pompe et emportent soixante paniers à eau; le bon P. Cellérier regrette qu'on vienne presque toujours prévenir trop tard.

Quel exemple pour nos communes importantes, où des pompes pourraient si facilement être établies et empêcher d'irréparables désastres !

Toujours précédés de notre vénérable guide, nous avons traversé les endroits curieux du monastère. Du réfectoire au cimetière, du dortoir à l'église, nous avons pu admirer la simplicité étonnante de cette Communauté si renommée.

Avant de terminer, permettez-nous de remercier le très-vénérable P. Abbé de la gracieuse attention qu'il a prise de nous offrir, au milieu de nos travaux, un charmant déjeuner. Il était impossible de rassembler sur une table mieux ordonnée des mets plus frais et de meilleur aspect. Les étangs, les jardins et les vergers du monastère avaient apporté leur tribut et venaient nous prouver comment il serait possible de se passer du luxe des villes, quand on sait tirer un heureux parti des ressources innombrables que la nature place autour de nous et toujours à notre portée.

Le R. P. Abbé a compris l'importance de notre mission au point de vue des intérêts agricoles : il est allé au-devant de nos désirs et nous a rendu moins difficile l'examen de cette belle et vaste exploitation; nous voulons lui en exprimer ici toute notre reconnaissance.

Le but de l'Association normande est d'amener le progrès par voie de comparaison, en opposant le bien au mal, comparant le bon au meilleur et recherchant la lumière dans l'exposé des progrès individuels. Cette idée féconde de l'enseignement mutuel entre toutes les spécialités vouées à l'agriculture a fait ses preuves, elle ne sera pas sans fruit pour l'avenir, et, en vous exposant les choses remarquables de la culture de la Trappe , nous sommes sûrs d'indiquer au cultivateur, désireux de s'instruire, une source où il pourra puiser d'utiles enseignements.

Cet établissement agricole a semblé à votre Commission être dans des conditions exceptionnelles : aussi croit-elle devoir se borner à vous proposer le rappel de la médaille que l'Association normande décerna à la Trappe en 1843.

2ᵉ. VISITE AGRICOLE.

M. CÉCIRE. — FERME DE LA GALERIE.
COMMUNE DE L'AIGLE.

Nous avons visité l'exploitation de M. Cécire, à la Galerie, ferme située aux abords de L'Aigle. Le sol de cette exploitation est argilo-siliceux graveleux ; elle se compose de 48 hectares dont M. Cécire est propriétaire.

Il admet l'assolement rationnel : celui basé sur la quantité disponible d'engrais et l'état de fertilité acquise du sol. Chez lui, le fourrage domine sous toutes les formes. C'est la culture en vue de la plus grande production possible d'animaux remarquables pour l'élève et la graisse.

Tout dénote, dans cette culture progressive, l'activité la plus grande et la connaissance profonde des ressources énormes d'une terre bien soignée et bien cultivée. Quand, en terminant, nous donnerons la nomenclature, relativement considérable, du bétail d'élite produit, élevé et engraissé sur ce petit coin de terre, on se demandera par quel secret M. Cécire peut suffire à tant de bouches. Il se charge de vous répondre lui-même : C'est en labourant bien, famant fort, et demandant au sol en proportion de ce qu'il lui donne. Ce serait pour nos populations agricoles un immense enseignement que la vue de cette culture, de ses produits et de ses soins. Aussi nous l'avons longuement examinée dans ses nombreux détails, que nous allons mettre sous vos yeux.

Commençons par les bâtiments d'exploitation. Plusieurs sont construits à neuf par M. Cécire. La bergerie, bien aérée et à plancher élevé, nous a semblé être dans de bonnes conditions pour l'élève du mouton. La vacherie a les mêmes avantages et ces deux constructions, en contre-haut de la forme-engrais, y envoient leurs purins. Sur la fosse en maçonnerie est placée une pompe à purin, destinée à remplir le tonneau d'arrosement et à humecter la motte-engrais.

Les instruments dont se sert M. Cécire sont, entre autres : la charrue Dombasle n°. 1 , le scarificateur de

Grignon, le cultivateur de la Charmoise, la herse Val-court, les houes à cheval, les buttoirs, le laveur pour racines, le hache-paille, le concasseur, le trieur Pernollet, le tonneau d'arrosement, etc.

Entrons dans les bâtiments : nous trouvons d'abord un taureau Durham pur, de 3 ans (2ᵉ. prix à Caen, et 2ᵉ. prix à Rouen) ; un taureau Durham croisé cotentin de 2 ans (mention honorable à Caen); 3 génisses Durham pur ; 1 gé-nisse de 3 ans croisée Durham cotentine (1ʳᵉ. mention honorable à Caen) ; 3 vaches cotentines remarquables ; 1 génisse superbe ; 2 jeunes veaux ; un taureau Durham d'un an. En tout, 13 bêtes.

L'écurie renferme 5 chevaux de trait. La porcherie est nombreuse et remarquable : nous avons vu 3 coches Leicester, dont 2 suitées ; une autre qui a eu le 5ᵉ. prix à Rouen ; 1 verrat Bershire (3ᵉ. prix à Rouen) ; 3 coches indigènes dont une a eu le 2ᵉ. prix à Rouen, et 2 verrats normands. La porcherie compte en tout 28 animaux.

Nous arrivons à la bergerie : les laines ont eu un 2ᵉ. prix à Rouen ; les toisons ordinaires, pesées devant nous, ont donné 4 kilog. La race adoptée par M. Cécire est la mé-rinos bourguignonne, descendant des Negretty. Ses béliers sont remarquables : les nombreux prix remportés par M. Cécire dans les grands concours le prouvent assez. Les jeunes agneaux destinés à faire des béliers nous ont semblé dignes d'attention. Le tróupeau complet se com-pose de 450 têtes.

M. Cécire, pour ses moutons, a obtenu un 2ᵉ. prix à Rouen et un 2ᵉ. prix à Caen.

Faisant la récapitulation du mobilier vivant de cette exploitation, composée de 48 hectares, nous avons trouvé 70 têtes de gros bétail, c'est-à-dire plus de 1,45 par hectare. Il y a en tout 497 animaux sur la terre de la Galerie.

Maintenant voyons comment ce hardi cultivateur a distribué les récoltes sur son sol, pour faire face surtout à la nourriture de son bétail :

Colza, 3 hect.; blé, seigle et avoine, 14 hect.; prés, 5 hect. 30 ares; haricots, 0 hect. 25 ares ; rutabagas, 0 hect. 75 ares; betteraves, 2 hect. 50 ares; choux Cavalier, 1 hect. 50 ares ; pommes de terre, 0 hect. 25 ares ; choux-pommes de Milan, 0 hect. 40 ares; fourrage mêlé, dit *dragée*, 2 hect. 50 ares ; vesce d'hiver, 2 hect.; vesce de printemps, 0 hect. 80 ares ; trèfle incarnat, 0 hect. 80 ares; pois, 0 hect. 80 ares; rabette pour fourrage, 0 hect. 80 ares; trèfle, 5 hect. 50 ares; luzerne, 6 hect. 25 ares. Total, 48 hectares. 17 hectares environ sont attribués au colza, blé, seigle et avoine ; l'avoine est toute consommée sur la ferme, tandis que 31 hectares sont consacrés aux fourrages et plantes destinés à l'entretien et à l'amélioration des animaux.

M. Cécire n'a point, sans de grands sacrifices, porté le sol qu'il cultive au degré de fertilité qui le distingue maintenant ; il sait les continuer au besoin et sa comptabilité, soigneuse et détaillée, nous a révélé les achats de fourrages faits par lui pour suppléer à ceux que les pluies de l'année dernière lui avaient fait perdre.

Malgré l'année mauvaise, les blés sont satisfaisants; le reste est d'une végétation remarquable. Les colzas, dont une partie a souffert, sont cependant beaux pour l'année. Non-seulement la terre de labour s'est améliorée en se couvrant sans cesse de riches récoltes, mais les prés n'ont pas échappé à cette action améliorante : partout l'herbe est vigoureuse; partout le fruit du travail apparaît admirablement.

En un mot, cette exploitation nous a semblé réunir toutes les conditions d'une agriculture progressive, et nous sommes heureux de la signaler ici. Il est impossible, en effet, sur une exploitation aussi restreinte, d'accumuler plus de soins, d'engrais, de travaux, de récoltes et de bétail. Les agronomes distingués montrent le progrès de la culture des champs dans son rapprochement de la culture maraîchère, tant pour les soins que pour les résultats: M. Cécire nous semble marcher heureusement dans cette voie. Votre Commission vous propose de lui accorder la coupe d'honneur et une médaille de vermeil.

3e. VISITE AGRICOLE.

M. LEROY. — FERME DU CHAPLIS.

COMMUNE DE L'AIGLE.

Votre Commission s'est transportée à la ferme du Chaplis, appartenant à M. Fleury et autres, propriétaires à L'Aigle, et cultivée par M. Leroy, qui en est fermier.

Cette exploitation est située aux abords de la ville, vers le sud-ouest; son sol argilo-siliceux présente, à l'ouest, des parties où le silex domine. Elle se compose de 100 hectares environ de toutes terres.

Le fermier admet l'assolement triennal, sans jachère.

La jachère est remplacée en partie par des ensemencements ou fourrages verts et plantes sarclées; une notable portion de la ferme est conservée pour la luzerne, qui aide si puissamment à l'entretien d'un bétail plus nombreux.

Les récoltes sont distribuées sur le sol comme il suit : luzernes, 24 hect. ; prés, 6 hect. 50 cent. ; cours, 5, hect. 50 cent. ; sainfoins, 4 hect. 75 ares ; betteraves , 1 hect.; blé , 23 hect. ; orge et avoine , 22 hect.; jachère avec graines rondes , 23 hect.

Comme partout, les blés se ressentent de l'année mauvaise. Les avoines, au contraire, sont de belle venue. Nous avons surtout remarqué une pièce d'avoine de 3 hect. 25 ares , semée sur un sol siliceux : elle est admirable. Le sainfoin de première coupe qui fait suite à cette pièce d'avoine est aussi très-beau.

Ces deux morceaux étaient occupés par une bruyère stérile ; leur mise en culture a exigé du fermier beaucoup de travail et d'argent; ils comprennent environ 6 hectares et ont fixé notre attention au plus haut degré. Chaque are ainsi préparé a coûté environ 6 francs au fermier, et cette terre, jusque-là stérile, récompensera à coup sûr ses soins et sa hardiesse.

Mentionnons aussi la belle apparence de 3 hect. environ de blé bleu semé en mars , et une pièce magnifique de luzerne de 5 hectares.

La ferme nous a offert un mobilier vivant digne de cette culture. M. Leroy a présenté d'abord deux béliers mérinos antenais , dont un surtout est très-beau , et deux agneaux-béliers. 36 agneaux étaient destinés à être vendus comme béliers ; 11 le sont déjà et, sous le rapport du lainage et des proportions, ils méritent l'attention ; ils sont âgés de 5 à 8 mois. Le troupeau se compose , en outre, de 170 mères à livrer au bélier, 104 agneaux, 135 moutons ; en tout , 440 têtes. Ce troupeau est remarquable , au point de vue de la laine et des formes.

La vacherie n'a pas offert de moins beaux animaux :

7 vaches à lait paissent dans les cours, en compagnie de 3 génisses. 2 jeunes vaches croisées-Durham sont, entre autres, fort belles.

Trois porcs Nonant habitent la porcherie.

L'écurie est garnie de six très-bonnes et fortes juments percheronnes dont deux suitées de poulains. Nous avons surtout remarqué l'une des poulinières et une jeune jument grise de 15 mois.

Il y a en tout, sur cette ferme de 120 hectares, 466 animaux formant 78 têtes de gros bétail, c'est-à-dire 0,65 par hectare.

Pour terminer cet examen, il nous paraît convenable de signaler l'ensemble des récoltes et du mobilier. Là, le luxe est ignoré, mais la propreté, le travail, l'ordre, la beauté du bétail et des récoltes y suppléent. Cette culture, en somme, à cause de ses productions et des soins dont elle est l'objet, nous semble de nature à mériter l'attention de la Commission et être le type d'une culture faite par un fermier prudent et soigneux.

Votre Commission vous propose d'accorder à M. Leroy une médaille de vermeil et cent francs.

4e. VISITE AGRICOLE.

M. VAUX.—FERME DES MESNUS.
COMMUNE DE SAINT-QUENTIN-DE-BLAVOU.

Dans une partie du Perche très-humide, en ce qu'elle est assise sur l'étage inférieur de la craie, autrement nommé sables verts ou craie chloritée, s'étend la ferme de M. Vaux.

De quelque part qu'on arrive à cette propriété, le sol
est le même. Les pâtures, avec quelques soins d'assainissement sont ce qui convient le mieux sur ce terrain trop
humide en hiver et brûlant en été. Aussi ne sont-ce que
pâtures de tous côtés, et les quelques terres de labour, qui
présentent leurs sillons noirs au milieu de cet immense
damier de prés et de verdure, tendent-elles à décroître
chaque jour. La culture en effet, en demandant à ce sol
de produire des céréales, l'arrache à sa destination naturelle : l'herbe et le bois. Ce qui sera dit plus bas viendra
confirmer ces observations préliminaires.

Nous voici chez M. Vaux. Une très-vaste arrivée, ma-
cadamisée et plantée sur ses bords de tilleuls et de haies
taillées, précède cette ferme à l'aspect charmant. Au
milieu et en face, se présente la maison, couverte en
ardoise et coquette de goût et de propreté ; de chaque
côté, sur le devant, viennent en retour deux corps, contenant à gauche l'écurie et à droite l'étable, et à leur
suite les divers creux nécessaires à l'exploitation agricole. La tenue la plus soigneuse, et comme propriétaire
et comme fermier, s'y voit à l'intérieur et à l'extérieur ;
les constructions, réparées avec goût et simplicité, ont
ce cachet qui plaît et dénote chez le maître de l'intelligence et le désir d'orner son habitation de tous les embellissements que l'économie ne proscrit pas.

Nous devons le dire tout d'abord, cette jolie petite métairie, avec son entourage de pâtures, son arrivée vaste
et soignée et son air engageant, nous a tous séduits. Nulle
part on ne voit mieux ce que le bon goût, l'ordre et
quelques frais basés sur l'économie, pourraient faire de
nos fermes, généralement si disgracieuses ; et, si la France
est déjà belle, combien le serait-elle plus encore, dans le

cas où nos fermiers et propriétaires ruraux auraient, comme M. Vaux, le soin et le désir du confortable qu'il a puisés dans un amour sincère de son métier et le contentement fécond de sa position agricole!

Au milieu de la cour, et enclose de murs de trois côtés, la fosse-engrais participe aux soins de propreté qui régissent tout dans cette ferme; les purins, mêlés à l'eau pluviale, en sortent par un conduit en maçonnerie, pour se rendre en tête d'une rigole qui en répand le bienfait jusqu'au fond de la charmante et vaste prairie dont nous allons parler.

Avant de quitter la cour, disons ce qui nous a frappés dans la tenue extérieure et intérieure des bâtiments ruraux, en regrettant de ne pouvoir en donner qu'un aperçu trop imparfait; nous voudrions, en effet, que cet exemple frappant pût être vu par tous les cultivateurs.

Chaque creux logeant des animaux est fermé d'une double porte, l'une pleine et l'autre à claire-voie, de manière à conserver la chaleur en hiver et à laisser un libre accès à l'air en été.

L'écurie peut être donnée comme modèle d'exécution : pavage en briques sur champ, ménageant des rigoles arrondies; exhaussement de l'emplacement des chevaux; mangeoires superbes en pierre; râteliers bien faits; tout, dans cette disposition, est digne d'éloges.

Les urines s'en vont à la motte-engrais par un conduit couvert et ne rendent point l'entrée des bâtiments inabordable.

Les étables, celliers, remises, etc., sont également bien appropriés à leur destination; et, nous le répétons à dessein, tout est partout de la plus exquise propreté.

Vous nous permettrez, Messieurs, d'appuyer autant sur

les soins de toute sorte donnés par M. Vaux à la tenue de sa cour, de ses attelages et de ses bâtiments : nous voulons faire ressortir cet avantage de M. Vaux sur les cultivateurs, en général ; nous voulons dire combien la Commission attache de prix à cette gestion soigneuse qui lui semble la pierre de touche de la supériorité agricole.

Encore un mot sur l'heureuse disposition de son abreuvoir, au point de vue de la santé du bétail et de l'irrigation de ses pâtures.

Là, ce n'est pas la fosse-engrais qui envoie son trop plein dans la mare, comme cela existe presque partout dans les fermes ; c'est tout le contraire. L'eau, soigneusement recueillie des côtes qui dominent l'habitation, alimente directement un abreuvoir bien pavé, garni de lices et clos de murs en partie. Quand la mare ne peut plus la contenir, l'eau va, par un conduit maçonné, se rendre à l'arrière de la motte pour augmenter et liquéfier la masse des purins. Ces précautions sont bien naturelles ; pourquoi faut-il qu'elles soient à désirer presque partout ? Pourquoi ce qui tombe sous le plus simple bon sens, ce qui est dicté par des motifs d'un ordre supérieur, je veux dire la loi d'hygiène, est-il vainement conseillé par tous ceux qui veulent le progrès de l'agriculture et le bien-être et la fortune des cultivateurs ?

Au nombre des soins pris par M. Vaux pour éviter des inconvénients et satisfaire aux meilleures prescriptions, nous devons signaler l'attention qui a présidé à l'aération de son écurie, et l'appareil ingénieux avec lequel il règle, selon les saisons, l'introduction de l'air extérieur dans les creux habités par ses bestiaux.

Un drain a été établi sous les appartements qu'il occupe et derrière ses écuries. Comme vous le voyez,

Messieurs, pour lui, comme pour son mobilier vivant, il n'a rien épargné de ce qui pouvait procurer les meilleures conditions prescrites par l'hygiène.

M. Vaux a, pour loger les harnais de son exploitation, un appartement très-propre où tout est bien rangé et par conséquent toujours sous la main.

Rentrons un moment pour voir la laiterie. De la bonne tenue de cet appartement, et des soins qu'on y apporte, dépendent la quantité et surtout la qualité du beurre et du fromage, ce condiment indispensable de l'alimentation des populations rurales.

Nous devons le dire, Mᵐᵉ. Vaux possède toutes les qualités précieuses qui en font, non-seulement l'appui de son mari dans la tenue de la ferme, mais encore la ménagère la plus soigneuse de ce qui lui est plus spécialement confié. Elle est habile dans l'art difficile de conserver par son attention soutenue, sa propreté exemplaire, tout ce qui autrement s'en irait sans profit ; et, comme ces économies sont de tous les jours, nul ne se rend bien compte de l'importance des résultats au bout de l'année.

Aussi tout est rangé dans la laiterie, comme tout est en ordre dans la ferme : soins perfectionnés pour la crémerie, fabrication supérieure des fromages fins, absence complète d'odeur, moules nombreux en métal clair comme argent, baratte puissante à engrenages : rien ne manque dans cet atelier, parfois si peu soigné dans quelques localités.

En sortant, M. Vaux nous a montré le siphon de métal étamé qui lui sert à soutirer son cidre, et nous avons admiré, dans un cellier derrière la maison, la bonne tenue de 15 fûts magnifiques, leur disposition ingénieuse qui permet de les visiter et derrière et devant, leur exhaussement au-dessus du sol; l'aération à fleur de terre pour assécher l'appartement, en établissant un rapide courant d'air qui se dégage par des ouvertures supérieures.

Tout, jusqu'à ses greniers, a reçu une destination spéciale. C'est à bon droit qu'on peut dire de ce modèle de tenue agricole : là, chaque chose a sa place et tout est à sa place.

« Tout cela, nous a dit M. Vaux, est une affaire d'ha-
« bitude : aussitôt que cette habitude d'ordre est prise,
« cela se fait seul et sans être obligé de rien com-
« mander. »

En agriculture, comme dans toutes les entreprises, il n'y a que les moments de transition qui coûtent : habituons notre personnel à l'ordre, en y appliquant sans cesse la volonté du maître et surtout notre exemple personnel; et ces soins, qui semblent d'abord devoir prendre beaucoup de temps, deviendront bientôt pour tout le monde une chose facile et toute naturelle.

Nous l'avons dit, la cour est propre et rien ne l'embarrasse; mais, pour obtenir ce résultat, M. Vaux a dû établir un dépôt spécial pour le mobilier encombrant et dangereux à cause du feu.

Un peu avant l'arrivée vaste qui précède sa cour, sur la gauche du chemin vicinal de St.-Quentin à Coulimer, M. Vaux a, dans une de ses pâtures, choisi un carré de terrain ouvrant à la fois et sur cette pâture et sur la voie publique; il l'a enclos de fossés et de haies vives, garni de barrières et il y entasse, chaque année, son bois de chauffage, ses meules de fourrages, de paille et de céréales.

Ce dépôt n'est point assez éloigné de l'habitation pour créer un embarras sensible, et il n'est plus assez près pour être un danger continuel d'incendie et un encombrement de toute l'année.

Nous allons voir maintenant les travaux de cet intelligent cultivateur, ses améliorations culturales et foncières et ses remarquables animaux. Suivant l'usage que nous avons adopté, nous nous abandonnerons au hasard du parcours.

Nous croyons l'avoir dit, M. Vaux exploite cette propriété depuis 1838, il en est propriétaire depuis quelques années seulement; mais, comme fermier, il améliorait aussi bien que comme propriétaire. La raison en est simple, Messieurs : M. Vaux ne comprend les améliorations de la terre que si elles rapportent prochainement plus qu'elles ne doivent coûter. Comme il nous le disait assez finement, il ne veut point se comparer aux personnes riches qui ont le moyen de dépenser 5 francs pour en récolter 4 ; il veut, au contraire, récolter 6 francs s'il en dépense 5.

Il a vu, dès l'abord, que sa terre en partie ne convenait point aux céréales, à moins d'opérations qu'il n'a pu pratiquer avant d'en être propriétaire; il pense même encore, et il est bien dans la vérité, que le sol sur lequel sa ferme est assise convient essentiellement à l'herbe et, chaque année, il sacrifie à cette idée juste et profitable.

Nous vous parlerons avec bonheur d'une de ses premières améliorations, pratiquées au début de son bail. Nous en avons vu les résultats extraordinaires et nous avons été étonnés d'un pareil succès.

Au versant nord-ouest d'une côte élevée s'étend une bande de terre extrêmement spongieuse et noyée en hiver. Elle ne produisait absolument rien. Ce morceau (de 37 ares) fut labouré en sillons de six raies dans le sens de la pente, il y a environ vingt ans.

Des graines forestières y furent semées : glands, châtaignes, etc. Des plants de bouleau, de saule et d'aune, y furent piqués et, deux ans après, on procéda au recepage qui ne produisit presque rien.

Six ans plus tard, la première coupe rendit, sur ces 37 ares, 250 marcottins valant 50 fr. le cent, c'est-à-dire une somme de 125 fr.

Sept ans après, 500 marcottins furent produits par ce coin de terre qui ne rapportait pas 1 fr. de revenu ; c'était donc 250 fr. en sept ans, soit annuellement 36 fr.

M. Vaux avait bien compris ce qui convenait à ce sol, d'ailleurs ingrat ; c'était, en effet, le bois ou l'herbe qui pouvaient avec de moindres inconvénients s'accommoder de ces alternatives de sécheresse ou d'humidité, désespérantes pour la culture ordinaire.

Ce qui le prouve, c'est que des glands semés il y a vingt ans ont produit des baliveaux ayant, à 1^m. 33 de hauteur, une circonférence de 0^m. 65 cent. ; cette végétation forestière extraordinaire démontre combien il serait utile, en certains cas, de rendre aux cultures spéciales des terrains que nous nous obstinons sans profit à conserver à l'agriculture.

M. Vaux a persévéré dans cette voie : indépendamment de cet essai, il en a récemment pratiqué un nouveau sur une parcelle de 25 ares : la réussite s'annonce avec une vigueur aussi grande.

Passons maintenant aux herbages excellents qu'il a faits avec des terrains médiocres.

Vers l'ouest, M. Vaux a couché en herbe, et joint à la belle prairie qui entoure ses bâtiments, 5 hect. environ de terres jusque-là cultivées en céréales ; par un système d'irrigation dont il a été parlé ci-dessus, il a fait de ces nouveaux couchis les parties les mieux herbées et les plus affectionnées des animaux.

Plus loin, vers le sud, une autre pièce de 3 hect. 50 a été soigneusement entourée de fossés profonds, assainissant le sol et protégeant les haies; elle est destinée, après la récolte du blé, à augmenter le nombre des terres couchées en herbe. M. Vaux aura donc mis en prairie de bonne qualité des terres fort médiocres, sinon mauvaises, sur une étendue de près de 9 hectares.

Là ne se borne pas son action de propriétaire soigneux de ses intérêts, et de cultivateur sachant régler et diriger sa culture : il arrache des haies nuisibles, réunit de nombreuses parcelles en une seule prairie, irrigue celles qui sont humides, arrose celles qui sont sèches au moyen de drains supérieurs; en un mot, il joint ensemble ses améliorations et les rend solidaires.

Nous voulons vous parler des drainages en tuyaux faits dans les prés et dans les terres de labour par cet infatigable propriétaire-agriculteur. Bien qu'ils soient tout récents, ils accusent déjà leur action par la transformation de l'état du sol, qui maintenant peut porter sans broncher bestiaux, chevaux et matériel roulant.

M. Vaux, selon son principe, n'a pas entrepris un vaste réseau général : il a appliqué le drainage là où il avait infructueusement tenté l'assainissement au moyen de *forières*, de fossés et de terrassements considérables. Cette terre spongieuse, absorbant et conservant l'eau avec tant de facilité, n'a cédé que devant le drainage.

Nous nous plaisons à l'affirmer, ces travaux de drainage, dirigés par M. Houdellierre sur une surface totale de 6 hectares environ, ont tous parfaitement réussi.

Ce drainage, fait dans de bonnes conditions de commodité, a coûté en moyenne, le mètre courant, 0 fr. 32 c.

Passons maintenant à la division des terres arables et à l'assolement pratiqué par M. Vaux.

Il admet l'assolement quadriennal ordinaire, mais à la condition de ne faire revenir, sur le même sol, les trèfles que tous les huit ans.

La propriété se compose de 50 hectares, dont 5 en taillis, 16 1/2 en labour et 28 1/2 en prés et pâtures; c'est-à-dire, appliqués à son exploitation agricole, seulement 45 hectares.

Touchant au but de notre visite, nous allons nous occuper du bétail de cette exploitation. Vous êtes sûrs à l'avance, Messieurs, que de ce côté M. Vaux ne s'est point montré inférieur. La longue liste, qu'il nous a fait voir, des récompenses obtenues dans les concours et de la part du Comice, du Conseil général et du Ministère de l'agriculture, notamment pour le choix supérieur de ses juments percheronnes, nous a prouvé que, depuis le 20 octobre 1838, M. Vaux n'a pas cessé d'être le premier dans le sentier du progrès ; que jusqu'à ce jour, pendant cette longue période, il n'a point faibli dans la tâche qu'il s'est imposée, et qu'il mérite à tout égard votre haute attention.

Sont nourris sur cette exploitation agricole :

Nombre des animaux.	Nombre des têtes de gros bétail.
4 mères vaches magnifiques (cotentines).	4
5 génisses de 2 ans.	4
1 taureau bien établi.	1
6 veaux, dont 3 d'un an.	2 50
6 juments mères remarquables. . . .	6
3 antenaises.	3
3 poulains de lait.	1 50
2 porcs.	» 50
Nomb. des anim 30	Têtes de gros bétail. 22 50

M. Vaux cultive 45 hectares de toutes terres.

Malgré la mauvaise qualité de ce sol, nous aimons à constater cependant qu'il nourrit, par hectare, 0,50 tête de gros bétail.

Un dernier mot nous reste à dire, et c'est le plus important, pour vous montrer comment cet agriculteur a marché prudemment et sûrement dans la voie du progrès: nous voulons parler de la comptabilité qu'il tient depuis 1838.

Il s'est donné un registre pour ses achats, un autre pour ses ventes et un troisième pour ses comptes divers.

Cette comptabilité simple, nette, tenue sans interruption et avec fruit, ainsi que les totaux réguliers l'indiquent, est un fait peut-être unique dans notre contrée percheronne, chez les cultivateurs ayant une position semblable à celle de M. Vaux. Sa comptabilité lui a donné des droits à nos éloges, et, Messieurs, afin que ce complément indispensable de l'agriculture soit hautement mis en relief, et puisse être de la sorte fructueusement recommandé aux cultivateurs qui voudront voir à juste titre en M. Vaux un modèle à suivre, nous vous prions d'y attacher toute votre attention.

Nos cultivateurs comprendront que cette comptabilité a puissamment servi M. Vaux ; qu'elle l'a souvent éclairé et qu'elle l'a toujours tranquillisé dans ses travaux. Ces résultats sont incontestables, et, en les approuvant, vous leur donnez pour tous une importance plus grande encore.

Il est curieux de voir, sur les livres de M. Vaux, et il serait sans doute utile de leur en demander la cause, comment au début ce cultivateur avait en frais 2,500 fr., puis 3,000 fr.; et comment, en tenant compte du surcroît de travaux d'amélioration foncière, les mêmes frais se sont successivement élevés à la somme actuelle, qui est annuellement de 5,000 fr.

Quelle source d'enseignements, indispensables pour l'homme d'ordre, qu'une comptabilité claire et bien tenue! Par ce fait, M. Vaux a donné à ses confrères du Perche un bien rare et bien précieux exemple, que nous voudrions voir suivi par tous les cultivateurs.

Votre Commission, Messieurs, vous prie d'accorder à M. Vaux une médaille de vermeil, en récompense de son intelligente culture et de la tenue soigneuse de sa ferme

5e. VISITE AGRICOLE.

M. FARDOUET, MAIRE DE VERRIÈRES. — FERME DE LA BEUVRIÈRE-VAILLANT.

COMMUNE DE VERRIÈRES.

La ferme de la Beuvrière est située sur le versant est d'une côte assez étendue. Le sol sur lequel elle repose est composé de rocs superposés, alternant avec des dépôts de craie chloritée. C'est, du reste, l'étage inférieur crétacé qui compose le sol de cette contrée. Sans être très-fertiles, ces terres donnent de bons résultats en raison des terrassements considérables et de la culture améliorante du Perche. La ferme de la Beuvrière est tenue par M. Fardouet.

Nous devons vous signaler la propreté et le soin qui préside à l'entretien des chemins et de la cour. Les bâtiments, dont le fermier fait les approches et paie une partie de la main-d'œuvre, ont été augmentés depuis qu'il habite cette ferme, et il les a fait disposer en vue des améliorations qu'il projetait.

Il n'est pas inutile de rappeler ici que le Comice agricole avait jugé M. Fardouet digne d'obtenir le prix accordé à la ferme la mieux tenue de l'arrondissement, et que la Société hippique lui a décerné une médaille d'or, pour une magnifique collection de chevaux percherons, composée de 8 têtes, présentée par lui à Mortagne lors des Courses.

La ferme se compose de 72 hectares, dont :

En luzerne.	2 hectares.
En prés fauchables.	2 h. 50
Pâture.	7 h. 50
Terres labourables.	60 h.
TOTAL. . . .	72 h. »

Les 60 hectares de terre de labour sont divisés en cinq cottaisons égales, de 12 hectares.

1re. Année. Blé fumé sur défrichage de minette et *ray-grass.*

2e.   —   Orge avec trèfle.

3e.   —   Trèfle.

4e.   —   Avoine sur défrichage de trèfle avec minette, etc.

5e.   —   Minette et *ray-grass.*

Au mois de juin, il donne une bonne fumure et l'enfouit au moyen d'un labour à plat. En août, il fait un second labour à plat ou il laboure en travers en formant ce qu'on nomme, dans la contrée, des *binons.* Aussitôt ce travail fini, il herse et taille les sillons de deux raies et, au mois d'octobre, il sème au moyen d'un dernier labour de quatre raies.

Ce travail, nous a dit M. Fardouet, est bien plus long et plus coûteux que de semer en planches ; mais, eu égard aux résultats, ce surcroît de travail se trouve encore bien payé. D'ailleurs, quand les sillons sont bien roulés, ils sont aussi faciles à faucher que le terrain plat.

Après la récolte du blé et avant l'hiver, il laboure en deux raies en formant des sillons élevés et bien unis, afin de faciliter l'égout du sol ; au printemps, quand la terre est meuble, il recommence un labour pareil et, après un ou deux hersages, il sème l'orge et le sainfoin sous un troisième labour de quatre raies. Un premier hersage précède l'ensemencement en trèfle, qui est enterré par un léger coup de herse, et enfin l'on roule les sillons pour faciliter la récolte et tasser le sol.

Dans le cours de l'hiver qui suit la récolte du trèfle, M. Fardouet laboure en grandes planches et, quand le temps le permet, au printemps (en février ou mars), il sème son avoine et les graines de minette et *ray-grass* et les enterre au moyen de hersages, répétés autant que le terrain l'exige pour être bien ameubli à la surface. Enfin, on passe le rouleau.

Quel que soit cet assolement, les terres de M. Fardouet présentent une végétation vigoureuse. Les trèfles, avoines et orges sont magnifiques, et les blés, malgré l'année, sont encore remarquables.

M. Fardouet a donné l'exemple en grand, pour les moyettes, par la quantité et surtout par sa manière excellente de les faire. Son blé est resté long-temps dans les champs, et la paille et le grain se sont admirablement trouvés de cette méthode nouvelle. Non-seulement les moyettes garantissent la qualité des grains, mais, chose aussi utile dans le Perche où les menues pailles de blé jouent un rôle important! elles conservent la qualité de la paille et de l'herbe qui y est mêlée. En ne faisant pas de moyettes, le cultivateur se voit souvent forcé d'engerber avant siccité parfaite; et, si le blé ne s'en trouve pas très-mal, la paille et le précieux fourrage qu'elle contient sont fâcheusement avariés.

M. Fardouet a voulu nous expliquer la manière intelligente avec laquelle il faisait ses moyettes; laissons-le parler lui-même:

« L'année dernière, nous a-t-il dit, j'ai mis en moyettes
« les trois quarts de mon blé. Les moyettes ont été
« faites en suivant les faucheurs; et celles faites par le
« brouillard et la rosée, après être restées quatre se-
« maines dehors, m'ont donné de la paille de première
« qualité. J'espère, cette année, commencer un peu avant
« la maturité, qui s'achèvera en moyettes; j'économi-
« serai par là un faucheur, et mon blé ne s'égrainera pas
« comme les années précédentes.

« Voici comment je fais mes moyettes : je lie une
« gerbe près de l'épi; je la mets debout, lui donnant du
« pied, puis je dresse tout autour des javelles de blé
« jusqu'à concurrence de 5 gerbes ordinaires. Alors,
« je fais une grosse gerbe que je lie fortement tout près
« du pied, et, après l'avoir mise debout, j'en affaisse la
« paille par poignées tout autour du lien, de façon que
« toute la gerbe forme parapluie. Enfin, je mets la main
« gauche au lien et, prenant de la main droite la gerbe
« en-dessous, je coiffe la moyette sans déranger un épi.
« Les moyettes faites de cette manière sont impéné-
« trables et contiennent de 7 à 8 gerbes. »

Nous n'avons cru devoir retrancher rien de cette explication si claire et basée sur un succès d'autant plus utile qu'il s'est fait au milieu de nos populations, peu disposées à admettre les enseignements de la théorie la plus sage et la plus irréfutable.

Qu'il nous soit permis de signaler à votre attention la construction d'une citerne, où tous les purins des étables et de la forme-engrais sont amenés par un caniveau spécial. C'est une précaution bien importante et cependant généralement négligée, même dans les fermes les mieux tenues du Perche.

M. Fardouet vient encore, cette année, de coucher en pré une portion de terre de 2 hectares, que sa position rendait plus propre à produire de l'herbe qu'à donner des récoltes de céréales.

Passons maintenant à l'examen du bétail d'élite nourri sur cette ferme.

Nombre des animaux.		Nombre des têtes de gros bétail.
2	beaux étalons, dont un remarquable sous tous les rapports.	2
8	chevaux de 2 ans à 4 ans.	8
8	antenais.	8
8	poulains de lait.	4
26	bêtes chevalines.	
8	bœufs	8
6	vaches à lait.	6
1	taureau cotentin	1
8	taurailles, mâles et femelles.	4
23	bêtes bovines.	*A reporter.* 41

Report. . .	41	
88 mères brebis métis-mérinos.	13	
33 agneaux.	3	25
121 bêtes ovines.		

1 verrat du pays.		
1 coche.	1	50
2 porcs pour la maison.		
4 porcs.	Têtes de gros bétail : 58	75

M. Fardouet a 72 hectares de toutes terres ; il nourrit
donc, par hectare, 0,84 tête de gros bétail ou, sur toute
sa ferme, 174 animaux.

6ᵉ. VISITE AGRICOLE.

M. Alexis SEGOUIN. — FERME DU PRIEURÉ DE SAINTE-GAUBURGE.

COMMUNE DE SAINT—CYR—LA—ROSIÈRE.

La ferme du prieuré de Sainte-Gauburge contient en
totalité 66 hectares, dont 8 hectares de prés. Elle est située
sur le plateau fertile de Ste.-Gauburge et descend sur le
versant sud-ouest, vers St.-Cyr. Le sol est généralement de
qualité supérieure. Aussi n'est-ce pas la beauté des récoltes
qui nous a le plus frappés dans cette exploitation, mais le
soin avec lequel elle est tenue et l'intelligence qui a présidé à la disposition des constructions nouvelles, conçues
par M. Segouin en vue de rendre la surveillance plus facile et la stabulation plus profitable.

L'assolement prescrit par le bail est celui de quatre ans.

A ce sujet, M. Segouin nous a signalé les inconvénients de cette prescription, dans le cas où les trèfles et sainfoins semés dans les orges viendraient à manquer. En effet, depuis la récolte de l'orge, pendant deux ans entiers, c'est-à-dire jusqu'à la St.-Jean de la seconde année qui suit cette récolte, le terrain resterait, dans ce cas, improductif et livré à l'invasion des plantes nuisibles. M. Segouin indique le correctif à cet inconvénient. Par suite du manque partiel ou total du trèfle, il faudrait préparer, après la récolte de l'orge, le terrain pour une avoine de printemps dans laquelle on sèmerait de la minette de Picardie (genre qui vient très-haut). La terre serait libre pour la charrue à la St.-Jean, et l'assolement quadriennal ne serait point rompu. Quant à l'assolement de cinq ans, tel qu'il a été mis en pratique par quelques cultivateurs des cantons de Nocé et de Regmalard, il ne l'approuve pas.

Les reproches qu'il fait à cet assolement sont de favoriser l'invasion du chiendent et autres herbes nuisibles dans le sol arable, par le retour trop fréquent du trèfle ou de la minette sur le sol. Le trèfle ne produit, en effet, d'amélioration sur la terre qu'à la condition d'une végétation normale; si, au contraire, le trèfle faiblit, il cède la place aux herbes nuisibles et son effet améliorateur est contrebalancé. Un autre reproche, qui ne nous semble pas tout-à-fait immérité, c'est d'éloigner les fumures périodiques, de restreindre le temps accordé à la préparation du blé, de forcer à ne déposer les fumiers que fort tard sur les terres à mettre en blé, c'est-à-dire après la pâture de la minette et du ray-grass, vers le mois de juillet.

M. Segouin, au contraire, est partisan de préparer la terre à emblaver long-temps à l'avance, et d'y porter le plus tôt possible les engrais qui, sans cela, perdraient dans la fosse en quantité et même en qualité.

Cette pratique, qu'il a suivie depuis long-temps, lui a toujours donné les meilleurs résultats.

M. Segouin a drainé, à ses frais, en tuyaux (sous la direction de M. Houdellierre) un hectare de pré dépendant de son exploitation.

Sa cour est propre, bien nivelée et, chose rare de la part des cultivateurs! il n'a pas voulu que les eaux pluviales provenant des toits et de la cour se mélassent aux purins; il a construit, à cet effet, un double caniveau: l'eau entretient la mare, en passant sur le canal qui conduit le purin à une fosse spéciale.

Ses bâtiments offrent tous des avantages, soit pour la commodité, soit pour la salubrité.

Les bergeries sont profondes et munies de crèches à crémaillères (système que nous n'avons vu que là et à la ferme du Houx tenue par M. Collas). Le curage s'en fait trois ou quatre fois par an. Elles sont aérées au moyen de larges fenêtres et de cheminées d'appel aux quatre coins du plafond. Par une disposition satisfaisant à merveille au désir du cultivateur, elles reçoivent les urines de l'écurie aux juments et de l'étable. De plus, les curures des chevaux y sont amenées tous les jours et étendues sous les pieds des moutons.

Cette méthode d'arroser le fumier des bergeries, soit avec de l'eau, soit avec des purins, est générale dans les fermes les mieux tenues du Perche. Aucun accident ne nous a été révélé par cette pratique fort ancienne, au point de vue de la santé du bétail; et l'engrais qui est ainsi fait est conduit immédiatement sur les terres. Cet engrais, on le comprend sans peine, n'a subi aucune déperdition de principes fécondants et produit un effet supérieur.

L'étable, parfaitement pavée et disposée, envoie aussi son purin à la bergerie.

L'écurie est divisée en compartiments imitant les stalles, mais pouvant se fermer à volonté pour y loger une jument et son poulain : à cet effet, l'auge présente deux creux par compartiment. Les râteliers sont en bois, mais tout le reste est en pierre de taille et parfaitement construit. Un conduit en pierre dure, taillée, circule derrière les juments et conduit les urines dans la bergerie.

Parlons maintenant d'une innovation commune à ces trois bâtiments : par derrière la bergerie, l'étable et l'écurie, s'étend un logement plus étroit, communiquant avec ces trois creux au moyen d'une porte d'abord et ensuite d'une très-large fenêtre, peu élevée, devant laquelle est placé le lit de l'homme qui a la surveillance de chacun de ces bâtiments.

Le lit du berger ouvre pour ainsi dire sur la bergerie ; celui du vacher sur l'étable, et celui du charretier sur l'écurie.

Au fond de la chambre du charretier sont les harnais des chevaux ; dans les espaces libres, les fourrages destinés à être consommés dans la journée peuvent, sans nuire, trouver leur place. En un mot, cette ingénieuse disposition, que nous n'avons trouvée nulle part, mérite d'être signalée à votre attention : elle facilite le service à un haut degré et surtout la surveillance sans laquelle il n'est pas de culture profitable.

M. Segouin, autant pour économiser la main-d'œuvre

que pour suffire plus facilement aux travaux de sa culture, a fait construire une excellente machine à battre en travers qui ne brise point la paille et donne un résultat avantageux.

Par les temps humides, les chevaux et le personnel peuvent être employés; le grain peut être battu promptement et à point nommé pour la vente, et l'opération est moins coûteuse.

L'introduction de bonnes machines à battre, qui tend à se répandre dans cette partie de l'arrondissement, est donc un progrès agricole, et nous devions le signaler.

Passons au bétail de la ferme de M. Segouin.

Nombre des animaux.		Nombre des têtes de gros bétail.
10	juments mères et antenaises.	10
2	laitonnes.	1
7	vaches mères.	7
9	élèves (bêtes bovines de l'année).	3
2	taureaux (dont un magnifique cotentin).	2
61	brebis.	8 50
59	agneaux.	6
8	bouvards et génisses de 2 ans.	4
1	coche.	porcs. 1 50
5	élèves pour graisse, etc.	
Total des animaux: 164		Têtes de gros bétail: 43 »

M. Segouin fait valoir 68 hectares de toutes terres ; il nourrit 43 têtes de gros bétail (composées de 164 animaux), c'est-à-dire 0,63 de tête de gros bétail par hectare.

7e. VISITE (CONSTRUCTIONS RURALES).

M. GERMOND, propriétaire cultivateur. —FERME DE GERMONVILLE.

COMMUNE DE CONDEAU.

L'Association normande, dans son cercle étendu, embrasse tout ce qui intéresse l'agriculture, et si, par elle, les bons procédés de culture et les brillants résultats sont avant tout récompensés, elle n'a pas voulu laisser sans encouragement les efforts qui sont faits en vue de rendre, dans les fermes, la vie plus attrayante et les travaux plus faciles.

Elle a pensé que tout ce qui vient en aide aux travaux des champs et les fait aimer était de son domaine, et c'est en exécution de cette partie de son programme, que votre Commission a visité la ferme nouvellement bâtie par M. Germond, de Condeau, qui l'habite et la cultive.

Tout y est construit aux points de vue divers de la commodité et de l'élégance; tout y est prévu de ce que peut recommander une intelligente et sage pratique.

Votre Commission a pris sur les lieux le relevé de ces constructions agricoles, si bien conçues et si bien exécutées.

Nous donnons, ci-contre, un plan auquel notre honorable directeur, M. de Caumont, a bien voulu garder une place dans l'*Annuaire* de l'Association. Ce dessin fera mieux voir la supériorité de cette construction rurale que tout ce qui pourrait en être dit.

Votre Commission, pour récompenser l'intelligence,

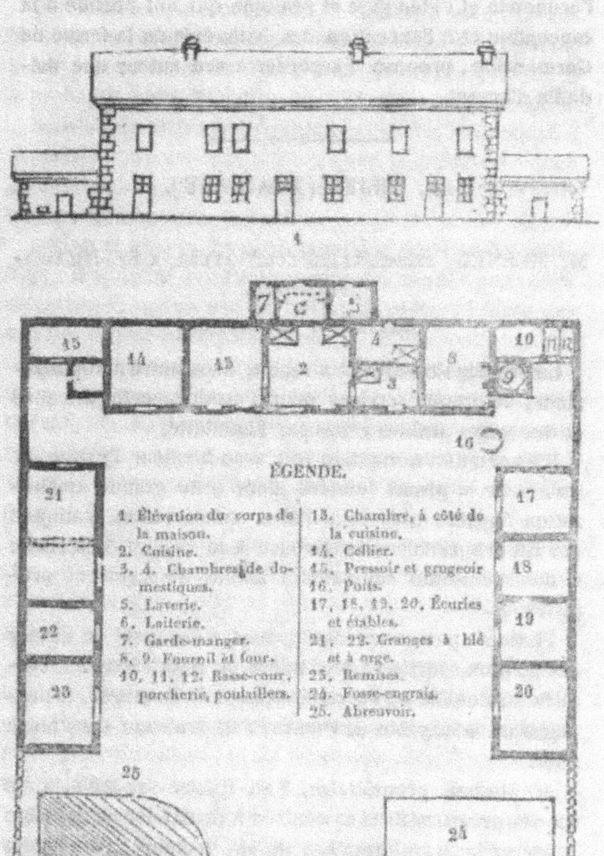

FERME DE GERMONVILLE.

l'économie et l'idée sage et pratique qui ont présidé à la conception et à l'exécution des bâtiments de la ferme de Germonville, propose d'accorder à son auteur une médaille d'argent.

8ᵉ. VISITE (DRAINAGE).

M. MESNEL, PROPRIÉTAIRE-CULTIVATEUR, A ST.-HILAIRE-SUR-RILLE.

DRAINAGE EN TUYAUX.

Le drainage en tuyaux a rendu, dans notre arrondissement, de grands services pour l'assainissement des prés et des terres arables gênés par l'humidité.

L'Association normande voit avec bonheur l'extension qu'a prise et prend tous les jours cette grande amélioration foncière qui, loin d'être exclusivement pratiquée par les propriétaires, commence à se révéler à la classe si nombreuse des cultivateurs habiles et sagement progressistes.

Plusieurs personnes intelligentes s'occupent de diriger ces travaux spéciaux : entr'autres, M. Houdellierre, secrétaire du Comice de l'arrondissement de Mortagne, le propagateur infatigable des travaux de drainage dans notre pays.

M. Mesnel, propriétaire, à St.-Hilaire-sur-Rille, a été un des premiers dans sa contrée à demander au drainage d'opérer la transformation de ses terrains. Il a voulu tenter cette amélioration nouvelle pour lui, sur un herbage qui, nourrissant avant les travaux huit bœufs de petite taille, en engraisse maintenant douze de 350 à 400 kilog.

Par sa hardiesse à accueillir le drainage et à lui demander un succès; par cette double victoire remportée et sur la routine et sur l'infertilité du sol, le premier il a implanté, pour ainsi dire, le drainage autour de lui.

Satisfait de sa première réussite, l'année suivante, il a donné de l'extension au drainage sur sa propriété : deux prés fauchables et même un jardin ont subi cette opération régénératrice.

Depuis et sans relâche, M. Mesnel a pratiqué le drainage ; il n'attend que l'enlèvement des herbes pour faire commencer, sur un pré qu'il vient d'acheter, l'étude des travaux et leur prompte exécution.

Dans notre arrondissement, des drainages ont été pratiqués sur une échelle importante par de grands propriétaires fonciers ; des propriétaires moins riches, et en contact journalier avec la moyenne culture, ont aussi donné cet utile exemple ; enfin des fermiers ont tenté quelques essais à leurs frais.

Les grandes améliorations foncières des personnes riches ont cela de particulier que, sortant des limites communes, elle n'ont point ou presque point d'effet sur les masses.

Les propriétaires moins importants peuvent seuls prétendre à donner l'impulsion aux bons procédés agricoles, en raison de leurs rapports constants avec la grande famille des cultivateurs, et du rapprochement des positions respectives.

Votre Commission a cru satisfaire à votre vœu constant, qui est non pas la récompense pure et simple d'un progrès quelconque, mais plutôt l'encouragement donné dans les meilleures conditions pour généraliser le progrès.

Les grands propriétaires n'ont guère besoin de nos encouragements : ils ont à leur service la science et le capital, ils ont la hardiesse que donne la fortune. Ailleurs, il n'en est point ainsi : un bon procédé conseillé par vous, récompensé par vous en la personne d'un propriétaire modeste, à cause des heureux résultats obtenus, se trouve, pour ainsi dire, vulgarisé et mis à la portée de tous.

Imbue de ces pensées et désireuse de voir étendre le drainage, qui améliore et transforme les terres de labour et les prés envahis par l'humidité, votre Commission vous demande de décerner une médaille d'argent à M. Mesnel, propriétaire, à St.-Hilaire-sur-Rille, pour avoir drainé en tuyaux à Moulins-la-Marche, à St.-Sulpice-sur-Rille et à Beaufai, 6 hectares de prés.

9ᵉ. VISITE (DRAINAGE).

M. CHOUANARD, FERMIER A LA ROUSSIÈRE, COMMMUNE DE VERRIÈRES.

DRAINAGE EN PIERRÉES.

Votre Commission, en même temps qu'elle faisait à travers l'arrondissement la visite agricole dont elle était spécialement chargée, n'a pas mis en oubli que vous aviez des récompenses à accorder pour les travaux importants de drainage.

De même qu'elle a cru satisfaire à votre vœu en portant plus attentivement ses regards sur les progrès obtenus en agriculture par la classe réelle des cultivateurs, tout en rendant hommage aux grands travaux exécutés dans l'intérêt agricole de nos contrées par les riches propriétaires, votre Commission a dû, dis-je, rechercher surtout les drainages exécutés, par des fermiers, sur des terres qu'ils tiennent à ferme.

C'est ainsi, nous l'avons pensé, que le drainage peut être le mieux conseillé, en faisant voir à tous qu'il n'est pas indispensable d'être propriétaire pour améliorer la terre et que, lorsque des garanties suffisantes sont données par les baux, les fermiers doivent et peuvent aussi bien entreprendre les travaux de drainage dont les effets se font immédiatement sentir et qui, par conséquent, portent avec eux un produit immédiatement et progressivement rémunérateur.

M. Chouanard est un cultivateur intelligent: en fixant sur ce qu'il a fait votre attention, vous ajouterez à l'importance de l'exemple qu'il donne, si heureusement, dans la contrée du Perche au milieu de laquelle est située la ferme exploitée par lui.

M. Chouanard ne draine pas en tuyaux, il draine en pierrées aussi profondes que l'inclinaison du sol et le débouché des eaux le lui permettent. Votre Commission a vu avec admiration ce travail énorme entrepris dans les terres de labour et surtout, Messieurs, dans un vaste fonds, complètement improductif appelé, en raison de son état presque général, le *Marais de la Roussière*.

La Commission sera heureuse de vous faire toucher du doigt l'importance de ce genre de drainage pour cette partie du Perche, où la pierre est extrêmement commune et où l'humidité sévit en raison directe des rocs superposés qui amènent de fort loin les eaux d'infiltration sur les pentes même escarpées.

Votre Commission n'a point à prononcer entre le drainage en tuyaux et celui en pierrées ; elle les a vus d'ailleurs produire également d'excellents résultats, et elle serait heureuse qu'ils fussent plus répandus.

L'exemple que nous venons ici soumettre à votre bienveillante appréciation, et pour lequel nous sollicitons de votre part un encouragement, ne sera pas sans intérêt pour la généralité de l'arrondissement.

En effet, les pierrées n'ont pas été partout abandonnées; la Trappe nous en donne une preuve importante et tel cultivateur, qui ne le ferait pas facilement avec des tuyaux, drainerait peut-être avec des pierres qui l'embarrassent, s'il ne craignait point d'entreprendre un travail réputé trop coûteux, peu connu et dont il n'a pas d'exemple sous la main.

C'est à ce titre que votre Commission vous prie d'attacher de l'importance à l'examen, que nous allons mettre sous vos yeux, des travaux de M. Chouanard et surtout au résultat qu'ils peuvent procurer, dans bien des cas, au point de vue de la facilité et de l'économie.

Nous nous attacherons donc plus à faire ressortir le peu de coût occasionné par ce genre de drainage, que l'intérêt immense du fermier qui a osé l'entreprendre sur une échelle relativement aussi étendue. Les drainages en pierres produisent les mêmes avantages que ceux en tuyaux ; et tout le monde connaît ces avantages, tandis que peu de personnes sont à même de trouver des renseignements strictement exacts sur ce genre d'assainissement dont presque personne n'a parlé depuis notre savant Olivier de Serres.

M. Chouanard, de la Roussière, a commencé à drainer il y a cinq ans. Près de 10 hect. ont été assainis par lui, depuis cette époque, dans les terres de labour et surtout dans les prés, comme on le verra ci-dessous. Nous devons le dire les résultats des premiers drains sont aussi satisfaisants que ceux de l'année; et il faut ajouter que ces 10 hectares, étant exceptionnellement humides, ont aussi été drainés avec une libéralité particulière. Dans certaines parties, les drains ont été placés à 3 m. 50 seulement d'écartement. Aussi le volume d'eau que rassemble le collecteur a étonné votre Commission et l'a bien convaincue de l'efficacité du drainage en pierres dans les conditions même les plus défavorables. La nature du sol (tourbe) et une pente insensible, sur une longueur de près de 400 mètres, étaient en effet des obstacles sérieux dont M. Chouanard a triomphé.

Il est bon de dire que lui seul fait tous ces frais, que lui seul dirige et fait exécuter ces travaux par des hommes de journée. Votre Commission a trouvé que ces drains étaient bien dessinés; sur un collecteur mitoyen, ils arrivent en fougère dans le sens de la pente. Il n'a point semblé étonnant qu'avec cette heureuse disposition, le résultat ait été favorable.

Passons maintenant aux détails circonstanciés que M. Chouanard a bien voulu donner sur ses travaux.

Pour marcher avec plus de précision, nous nous bornerons à parler de ce que M. Chouanard a fait cette année.

Nous devons rappeler les conditions étroites dans lesquelles cette amélioration a été exécutée, au point de vue de la pente totale et du niveau élevé du débouché des drains. M. Chouanard a donc dû se borner à faire ses tranchées de 55 centimètres à 1 mètre de profondeur pour conserver un peu de pente.

Les fossés ont, dans les parties de profondeur moyenne, 18 centimètres de largeur; dans celles plus creuses, ils ont jusqu'à 28 centimètres à l'ouverture et sont tous réduits à 18 de largeur au fond.

La pierre fournie presque dans tout le Perche, et surtout dans cette partie où la craie inférieure domine, se débite en éclats assez réguliers et de peu d'épaisseur. On nomme cette nature de pierre *jalet*.

M. Chouanard place au fond, de chaque côté de la rigole, deux pierres sur champ et les recouvre d'une troisième sur laquelle repose la terre, qui en est séparée par la couche supérieure de gazons tournés à l'envers.

Le vide entre les pierres n'a besoin d'être ni grand, ni très-régulier. Cette disposition empêchant parfaitement l'obstruction du conduit, le travail est suivi d'un succès assuré.

Depuis cinq ans, M. Chouanard donne, dans les terres humides et tourbeuses, 15 centimes du mètre courant de tranchée, à condition que l'ouvrier y placera les pierres, les gazons et comblera la tranchée.

Pour trois mille mètres de tranchée, cette année, il a amené sur ce terrain 48 toises de pierre : soit 386 mètres cubes.

Chaque mètre cube de pierre brute coûte d'extraction. . .   .   .   0 fr. 56 c.

Et de charroi.   0   75
____

Total du mètre cube de pierre rendu sur le terrain à drainer.   1 fr. 31 c.

M. Chouanard n'ayant payé et employé dans ses 3,000 mètres de drainage que 386 mètres cubes de pierre, chaque mètre de long de pierrée a donc exigé 13 centimètres cubes de pierre brute à 1 fr. 31, 15 centimes 1/2.

Il convient d'ajouter à ce total partiel 15 centimes

pour ouverture et confection du drain, ce qui établit le prix du mètre courant de pierrées à 30 centimes.

M. Chouanard nous a fait observer qu'il prenait la pierre à un demi-kilomètre de ses travaux en moyenne et que, si la distance eût été moins grande, les frais n'eussent pas dépassé 25 centimes par mètre courant de drainage en pierre.

Si le terrain à drainer eût été pierreux au lieu d'être argileux et tourbeux, si la pierre eût été plus éloignée, ce qui n'a pas souvent lieu dans cette partie du Perche, les frais grossiraient en proportion; mais rarement ils atteindraient un chiffre qui mettrait les pierrées hors d'état de lutter, sous ce rapport, avec les tuyaux.

Votre Commission est heureuse de pouvoir vous présenter ces détails pratiques. Elle sait combien vous désirez le progrès en agriculture, de quelque manière qu'il se fasse et de quelque part qu'il vienne. Elle veut vous faire partager la satisfaction que lui a causé cette amélioration foncière, faite hardiment et avec fruit par un fermier. M. Chouanard, en effet, n'a demandé de rémunération à personne et ne compte que sur le succès de son opération et le profit qu'elle lui promet pendant la durée de son bail.

Votre Commission vous propose de décerner à M. Chouanard une médaille d'argent pour avoir, au moyen du vieux drainage français, assaini une portion importante de la terre dont il est fermier.

10ᵉ. VISITE (PÉPINIÈRES).

M. ELZÉAR DAVID.—LA CHAPELLE-VIEL, PRÈS DE L'AIGLE.

L'agriculture embrasse une étendue immense : les céréales, les prairies artificielles, les prés naturels et leur irrigation, le bétail, les fruits à cidre, les arbres qui les produisent, tout est de son ressort. Il rentrait donc dans notre sujet de vous faire connaître les travaux de M. Elzéar David qui a donné, dans notre arrondissement, une grande importance à la culture des pépinières d'arbres de toutes espèces, et notamment de ceux destinés à peupler nos champs.

M. David est né à Moulins-la-Marche où ses parents exerçaient la profession de pépiniéristes qui, depuis cent cinquante ans, se perpétue dans cette famille. Indépendamment du pommier et du poirier, M. David cultive les essences forestières et d'agrément, les plants de clôture, les arbres résineux de toutes sortes.

Tous les soins ont été pris pour donner aux terrains les qualités indispensables d'ameublissement et d'assainissement. Les sols où l'humidité pouvait être redoutée ont été profondément drainés; tous sont défoncés et parfaitement épierrés, et, quelle que soit l'importance de la surface cultivée par M. David, nulle part il n'a rien négligé pour obtenir de bons résultats.

Aussi, nous plaisons-nous à le dire, ses pépinières présentent ce coup-d'œil magnifique qui donne la mesure de l'habileté et du labeur de l'arboriculteur. Les binages et sarclages sont faits partout avec une scrupuleuse attention que peut seul égaler le soin donné à la taille et à la conduite des arbres fruitiers.

Nous n'avons point à entrer dans les détails nombreux des travaux de toute nature que sait si bien exécuter, en temps utile, M. Elzéar David : nous nous contenterons, en nous promenant à travers ces vastes carrés si variés et si bien garnis, de vous communiquer notre impression sympathique pour l'homme qui sait dépenser tant de soins et de peines sur un coin de terre et en faire surgir tant de richesse.

Combien peut le travail sur notre sol! Quels résultats admirables, au lieu des chétives récoltes que l'indolence oserait lui demander! Rien ne nous a mieux paru ressembler au travail du vigneron que ces soins donnés, par l'habile pépiniériste, aux millions de jeunes plantes qui attendent la vie de son activité et de son intelligence. Là où la vigne est attentivement et laborieusement cultivée, comme dans ces belles pépinières à travers lesquelles nous nous plaisons à nous égarer, le travail appelle la fortune et ne l'appelle pas en vain.

Depuis plusieurs années, M. Elzéar David entreprend la plantation de haies sur les lignes de chemins de fer du réseau de l'Ouest. Il doit suffire à l'établissement et à l'entretien d'un grand nombre de kilomètres de clôture ; aussi les semis d'épine, de charme, d'acacia ont-ils pris un développement considérable dans ses pépinières.

M. David sème sa graine, puis il procède au repiquage ; nous avons vu ces plantations spéciales : les sujets s'y comptent par millions : ce sont les essences forestières, d'alignement et de clôture.

Les essences résineuses y sont aussi en grand nombre, quoiqu'en proportion bien moindre : M. David nous a parlé de centaines de mille variétés auxquelles sont joints les plants très-divers comprenant les arbres et arbustes d'agrément.

Enfin nous arrivons aux arbres fruitiers destinés à l'ornement et à la richesse de nos champs, les espèces à cidre. C'est là que M. David excelle. Ces arbres de différents âges, tous cependant dans les meilleures conditions, occupent un espace considérable : six hectares environ leur sont destinés, à raison de 30 mille sujets par hectare, ce qui porte le chiffre du total à 180,000 environ.

Le principal établissement de M. David est créé depuis vingt ans ; chaque année, il y apporte des améliorations et de l'extension ; chaque année signale de nouveaux progrès.

Votre Commission, heureuse de constater l'habileté et l'activité de cet infatigable arboriculteur, a l'honneur de vous demander, pour récompenser ses magnifiques travaux, de lui décerner une médaille d'argent.

11ᵉ. VISITE AGRICOLE.

M. LUCIEN-ALEXIS FROMAGE, FABRICANT DE FROMAGES,
A ST.-CYR-LA-ROSIÈRE.

Une industrie qui se rattache directement à l'agriculture vint, il y a plus d'un demi-siècle, se fonder modestement au centre de notre Perche, apportant dans cette riche contrée le secret d'une fabrication déjà remarquable dans la Normandie. Cette exploitation nouvelle, trouvant là toutes les ressources pour prospérer, s'est développée promptement et a demandé à l'exportation des débouchés qui ne lui ont point fait défaut.

C'est à St.-Cyr-la-Rosière que cette industrie des fromages apportée par M. Pierre Fromage, le chef de la famille, natif de Montpinçon, près de Livarot, a reçu ses premiers développements. Presqu'à l'insu du pays, cette modeste et utile entreprise a pu établir des entrepôts à Paris, expédier à l'étranger, sans qu'aucun bruit se soit fait autour d'elle, sans qu'on ait bien connu le trésor que le chef de la famille Fromage était venu apporter parmi nous : tant il est vrai que les choses les plus utiles sont celles dont la futile renommée s'occupe le moins.

Cette branche sérieuse, quoique limitée, de l'exploitation agricole vous a été déjà signalée, Messieurs, à propos de la maison de Bellavilliers ; mais rien n'avait été dit de la maison-mère, fondée à St.-Cyr-la-Rosière en 1792.

Avant de vous entretenir de M. Alexis Fromage, le continuateur de l'industrie paternelle, permettez-nous de vous faire connaître comment cette maison a commencé, a prospéré et s'est continuée dans la commune de St.-Cyr sans créer pour tout notre Perche une industrie générale, qui en aurait fait à elle seule la fortune.

Pierre Fromage accompagnait un prêtre, son parent, qui venait prendre possession du presbytère de St.-Cyr à cette époque tourmentée. Voyant la richesse du pays et la bonne qualité du lait, il conçut le dessein d'importer à son profit la fabrication fromagère du pays qu'il quittait.

Son commencement fut modeste : d'abord, il apporta le lait des fermes à bras, puis avec un âne, qui servait aussi à vendre ses produits à Bellême, à Nogent et à Regmalard.

Le presbytère avait été le théâtre de ses premiers exploits industriels ; mais Pierre Fromage, s'y trouvant à l'étroit, bâtit une laiterie et, à partir de ce moment, son industrie prit un essor qui ne se ralentit plus.

Bientôt Bellême, Mortagne, Regmalard, Nogent et La Ferté-Bernard ne lui suffirent plus : il lui fallut d'autres débouchés. Les grandes villes de France et même l'étranger devinrent ses tributaires ; car la Cour avait mis sa fabrication en honneur. Toutes les semaines, en effet, il expédiait à la Cour des rois Louis XVIII et Charles X des caisses de sa plus exquise fabrication.

C'est alors qu'il fonda son premier dépôt à Paris en 1820, rue de Richelieu, n°. 7, où il est resté depuis sans interruption. Maintenant trois dépôts supplémentaires reçoivent dans cette capitale le produit des deux fabriques de St.-Cyr et de Bellavilliers.

La révolution de 1830 a passé sans emporter la faveur royale: la duchesse de Berry se fit même , jusqu'aux lagunes de Venise, expédier les produits succulents de la fromagerie de St.-Cyr-la-Rosière.

P. Fromage , de son vivant, avait fondé la maison de Bellavilliers, où il avait placé un de ses fils. C'est de cette succursale qu'est venu M. Lucien-Alexis Fromage , reprendre la continuation de la maison de St.-Cyr, un moment abandonnée.

La meilleure intelligence a toujours régné entre ces deux maisons, ayant pour fondateur le père de la famille Fromage. Bellavilliers fournit Mamers et Mortagne; à St.-Cyr Nogent-le-Rotrou et Bellême sont réservés. Le surplus des productions est exporté et entretient les dépôts de Paris et de beaucoup d'autres villes.

En 1839, pendant que le fondateur, Pierre Fromage, tenait les deux maisons de St.-Cyr et de Bellavilliers, il fut fabriqué et vendu 99 mille fromages.

Chaque année , M. Lucien-Alexis Fromage produit à St.-Cyr 30 mille fromages, dont 10 mille, séchés et affinés dans un hangar spécial , sont vendus sous le nom de *fromages passés*.

Disons un mot de l'aspect propre et remarquable du local où s'exploite cette industrie à St.-Cyr.

Dans une première pièce se trouve la cuve où les fournisseurs de l'établissement versent leur lait.

A côté est le fourneau qui donne , en tous temps , l'eau chaude nécessaire aux lavages répétés chaque jour et qui, en hiver, sert à élever le lait au degré de chaleur exigé pour la formation du *caseum*.

Plus loin, au fond, une pièce oblongue, parfaitement propre, fraîche et sans odeur, est entourée d'une table recouverte d'une épaisse feuille de plomb, que les lavages continuels empêchent d'être attaquée par le *serum* du lait.

C'est sur cette table que sont les moules, les séchoirs de jonc et les instruments simples de cette curieuse industrie.

Pour donner une idée du travail et de l'attention qu'il demande, nous devons dire que, deux fois par jour, tout est lavé et rafraîchi ; que les 400 moules en bois et les innombrables égouttoirs subissent la même opération aussitôt qu'ils deviennent libres, ce qui a lieu en partie tous les jours.

Cette fabrication marche avec promptitude : le lait, mis en tournure le matin, est porté le surlendemain matin sur les places de Bellême et de Nogent.

Enfin tout, dans cette maison, respire la propreté la plus attentive et, d'après M. Lucien Fromage, cette propreté est tellement indispensable, que c'est le plus grand obstacle à l'extension de l'industrie au moyen de personnes salariées.

Pour démontrer combien cette branche de l'industrie agricole porte en elle les éléments de prospérité pour un pays qui en comprendrait l'importance, il suffit de dire ce que M. Fromage nous a affirmé : à savoir que chaque vache de petit bordager, qui lui fournit son lait, rapporte *assurément* 200 fr. annuellement.

Tous ceux qui se sont occupés de statistique agricole savent que le produit d'une vache à lait ne s'élève pas dans nos fermes à ce chiffre. Or, quand, sans frais, sans autre embarras que de porter le lait à la fabrique, un si beau bénéfice peut être obtenu par les soins donnés aux vaches laitières, on doit s'étonner, à juste titre, que des établissements de ce genre ne se soient pas créés au milieu de nos contrées si favorables à la production du lait.

Il nous a semblé utile de donner tous ces détails sur la famille Fromage, qui, du fond de la Normandie, a importé une industrie que ses perfectionnements et la nature du lait employé ont rendue supérieure à celle de Livarot et rivale de celle de Camembert.

Nous avons pensé que vous vous associeriez à nous, Messieurs, pour reconnaitre l'importance de cette industrie, en donnant un haut témoignage d'estime à M. Lucien-Alexis Fromage, qui a voulu rouvrir la maison un moment fermée où son père, en 1792, était venu donner à notre pays un enseignement resté malheureusement à peu près stérile au point de vue général.

Nous vous proposons donc de décerner une médaille d'argent à M. Lucien-Alexis Fromage, pour sa bonne fabrication et le maintien, dans l'arrondissement, d'une industrie utile à l'agriculture.

12ᵉ. VISITE AGRICOLE.

M. VILLERMÉ, PROPRIÉTAIRE-AGRICULTEUR. — DOMAINE DU HOUSSAI,

COMMUNE DE SAINT-AQUILIN-DE-CORBION.

Nous avons à vous entretenir de la culture de M. Villermé, un propriétaire vraiment dévoué au progrès agricole. A la vie douce et paisible de la ville, il a préféré l'embarras sans fin de la vie au milieu des champs, où sont pêle-mêle et toujours renaissants les travaux les plus pénibles, les obstacles les plus difficiles, les déceptions les plus amères.

Tout n'est pas rose en effet dans notre rude métier, et

pour celui qui le voit à travers le prisme enchanteur des descriptions poétiques, la désillusion est grande quand il s'agit d'y appliquer toutes les forces vitales dont la nature l'a doué.

Pour résister à ce choc désenchanteur, il faut avoir le vrai feu sacré ; pour ne pas reculer devant ce tortueux dédale, devant cette voie difficile qui s'échafaude sur des obstacles sans nombre, et ne conduit au succès qu'à force de peines, de persévérance, d'intelligence et de connaissances pratiques, il faut sentir profondément que l'agriculture est la planche de salut de nos sociétés modernes, et que, si les inconvénients sont si grands pour celui qui n'y est pas naturellement brisé, la beauté du succès doit leur être égalée.

L'homme instruit qui volontiers quitte les salons resplendissants pour le parquet fangeux de nos fermes, donne un bien grand exemple aux populations rurales. C'est un rude coup porté à l'absentéisme dans les rangs de ces mêmes populations. Quand surtout le succès a légitimé cette abnégation aux yeux des habitants des campagnes, l'effet moral devient immense ; et c'est alors que, la science aidant une sérieuse pratique, les effets les plus inattendus peuvent être produits.

M. Villermé est depuis huit ans propriétaire du domaine du Houssai. Le sol de cette vaste exploitation est médiocre et souvent même mauvais. Il a fallu au propriétaire la ferme volonté de transformer ces terrains, naguère à peu près improductifs. Un vaste système améliorateur a été appliqué à tous les terrains : les prés, les champs, les bois, tout s'est ressenti de la persévérante initiative de M. Villermé.

Son château, situé au milieu du domaine, s'élève au sommet du coteau devant lequel se déroulent les prairies ;

des allées du parc on voit tous les champs; c'est une propriété parfaitement agglomérée. Elle se compose de 121 hectares, dont 16 en herbe, 70 en terre de labour et 35 en bois.

Ce domaine était dans le plus mauvais état cultural, lorsqu'il est tombé dans les mains de M. Villermé. Il a dû, dès l'abord, diviser ses terres de labour en deux grandes parties, à chacune desquelles il a attribué un assolement spécial.

Aux terres à blé il a appliqué l'assolement qu'il appelle bi-quadriennal, et dont il a bien voulu nous donner l'agencement comme il suit:

1re. PÉRIODE DE 4 ANNÉES.

1re. année. Fèverolles fumées.
2e.   —   Blé.
3e.   —   Trèfle. La première coupe seulement est récoltée, et la seconde est enfouie.
4e.   —   Céréales de printemps, orge ou avoine, selon la nature de la pièce.

2e. PÉRIODE DE 4 ANS.

1re. année. Betteraves ou carottes fumées.
2e.   —   Céréales de printemps, orge ou avoine.
3e.   —   Trèfle, récolte de la première coupe seulement; seconde coupe enfouie.
4e.   —   Blé.

Aux terres à seigle il donne l'assolement quadriennal suivant:

1re. année. Pommes de terre ou jachère.
2e.   —   Seigle.
3e.   —   Plantes fourragères: trèfle incarnat, moutarde blanche, vesce d'hiver et de printemps, pois.
4e.   —   Avoine.

Comme on le voit, M. Villermé a divisé sa propriété en terres à blé et terres à seigle. À chacune de ces divisions il attribue un assolement différent : aux premières, assolement bi-quadriennal ; aux secondes, assolement simple-plement quadriennal.

Ce sont donc deux exploitations distinctes, jointes ensemble et marchant côte à côte sans que l'une s'enchevêtre dans l'autre. M. Villermé préfère maintenir cette distinction dont il obtient de bons résultats. Son assolement d'ailleurs favorise la production fourragère et lui permet d'entretenir un bétail plus nombreux.

Voici des renseignements que M. Villermé nous fournit sur la culture de la betterave dans son exploitation :

L'hectare de betteraves lui donne en moyenne de 40 à 50,000 kilog. Cette quantité s'est même élevée exceptionnellement à 76,000 kilog. L'étendue de cette culture était de deux hectares et demi environ, qui lui ont fourni 2,400 hectolitres de betteraves pesant 80 kilog., soit par hectare 76,800 kilog.

Pour nous rendre compte de l'influence des assolements adoptés par M. Villermé sur l'amélioration du fonds et le rendement des récoltes, prêtons attention aux communications qu'il nous donne à cet effet. Le progrès a été sensible chaque année, nous venons de le voir, pour la betterave ; il en sera de même pour les céréales.

Dans une pièce de 2 hectares 50 ares, il avait récolté, en 1853, 30 hectolitres de blé ; en 1856, la même pièce lui donne 46 hectolitres.

Une pièce de blé qui, en 1853, n'avait rendu que 983 gerbes et 30 hectolitres de blé, a produit, en 1860, 1,938 gerbes et 60 hectolitres de blé. Quel rapprochement éloquent ! Quelle démonstration irréfutable de la nécessité de l'amélioration foncière de nos terres de labour !

Mais ce n'est pas tout : écoutons l'habile agriculteur dans l'exposé de ses succès ; il nous apprendra qu'en 1855, une pièce de 2 hectares 50 ares lui avait donné 1,102 gerbes et 24 hectolitres de blé et qu'en 1857, la même pièce a rendu 2,501 gerbes et 64 hectolitres de blé ; il nous fera comprendre l'importance d'une bonne culture, en mettant en parallèle la récolte d'une pièce qui en 1855 avait produit 22 hectolitres et, en 1858, le chiffre énorme de 58 hectolitres.

Rien n'autorise à penser que ces résultats ne soient pas réels : M. Villermé aime l'agriculture ; il s'y livre complètement et a soin de tenir note exacte de ses dépenses et de ses produits. Dans les simples relevés que nous venons de citer, les cultivateurs sauront reconnaître les bienfaits d'une culture véritablement améliorante, basée sur le raisonnement et solidement appuyée d'une comptabilité qui en éclaire tous les points.

M. Villermé défriche chaque année une portion plus ou moins grande de bois peu productifs ; son action culturale n'embrasse que successivement les portions de sa propriété, et l'assolement n'a point encore pu s'étendre également sur toute la surface arable du domaine. Les défrichements opérés présentent une étendue de 23 hectares ; mais à ces travaux spéciaux M. Villermé a voulu joindre tout un vaste et judicieux système d'améliorations foncières.

Il a fait des nivellements dans ses prés qu'il a par là considérablement enrichis. Les travaux de terrassement, les amendements calcaires, l'emploi d'engrais artificiel, tout enfin dénote chez lui la volonté persévérante de démander à la terre une augmentation de produits en lui en fournissant les éléments indispensables.

La marne dont il use est extraite sur sa propriété ; elle lui coûte d'extraction 75 c. le mètre cube, le percement de l'œil de la marnière étant payé à part. Il emploie , à l'hectare , 90 mètres cubes de marne. Le charroi et l'épandage coûtent autant, ce qui porte les frais de marnage à 140 fr. environ par hectare.

Le guano et le noir-animal sont en outre employés, surtout dans les défrichements ; quant au reste de la ferme , il est généralement engraissé avec les fumiers ordinaires.

Sous ce rapport, M. Villermé prend encore les plus grandes précautions : les fumières sont bien traitées et il sait utiliser les boues, les curures des chemins et les débris végétaux pour faire d'excellents terreaux en les arrosant avec les purins qu'il recueille avec soin.

M. Villermé a un outillage excellent. Les instruments les plus perfectionnés, surtout ceux qu'a consacrés la pratique des meilleurs agriculteurs, ne lui font point défaut.

Il possède 3 charrues Dombasle avec avant-train ;
       1 scarificateur ;
       1 houe à cheval ;
       1 batteuse avec trieur et tarare, manége Pinet ;
       1 faneuse Nicholson.

Rien ne manque à cette exploitation modèle : les terres ont été débarrassées de l'excès d'humidité par un drainage bien entendu et produisant d'excellents résultats. Ce drainage en tuyaux a été opéré sur 17 hectares ; il coupe

les pentes en écharpe avec une inclinaison convenable; il a
une profondeur moyenne de 1 m. 10 c. sur 15 à 18 mètres
d'écartement et, vu la difficulté du sol, il revient à 40 c.
le mètre courant.

Nous ne terminerons pas, Messieurs, sans vous parler
du bétail d'élite entretenu sur cette propriété peu productive naturellement , et que M. Villermé transforme de
la façon la plus heureuse.

Le troupeau occupe le premier rang : il se compose
de 250 têtes dont 75 agneaux. La race métis-mérinos,
croisée par des béliers Southdown, lui donne la finesse du
lainage, la longueur de mèche et la facilité d'engraissement.

M. Villermé défriche les parties qui lui semblent favorables à l'extension de sa culture et, d'un autre côté, il
replante les terrains auxquels le bois parait mieux convenir.
Un reboisement a été exécuté sur une parcelle de 6 hectares ; les terrains où rien ne croissait ont été garnis de
pins sylvestres et maritimes ; en un mot, le soin du propriétaire embrasse successivement le domaine dans toutes
ses parties et le fait participer au bénéfice d'un aménagement basé sur la théorie et la pratique.

Le personnel de M. Villermé est très-restreint : il se compose d'un valet de ferme, d'un berger et d'une servante
chargée de la vacherie, de la basse-cour et de la cuisine.
Il nous affirme qu'il se trouve fort bien de faire exécuter
tous ou presque tous ses travaux à l'entreprise.

Nous terminerons, Messieurs, en vous donnant le détail de son bétail et le rapport de son importance à la
quantité du sol cultivé. Mais, avant tout, qu'il nous soit
permis de vous dire avec quelle complaisance M. Villermé
s'est prêté à nos investigations et a bien voulu aller au-

devant de nos questions. Nous voulons témoigner ici de notre reconnaissance à M. Villermé, et constater combien il nous a prouvé ainsi son amour de l'agriculture et son désir de favoriser autour de lui l'extension du progrès agricole en faisant connaître ses beaux résultats et ses excellents procédés.

nombre d'animaux.	Têtes de gros bétail.
7 juments percheronnes. .	7
2 poulains.	1
175 moutons adultes. . . .	25
75 agneaux.	7
1 bélier Southdown . . .	0 25
4 vaches très-fortes et très-belles.	4
2 porcs.	0 75
Total des animaux : 266	Total des têtes de gros bétail : 45 »

M. Villermé cultive 70 hectares de terre de labour, 16 hectares de pré, soit en tout 86 hectares ; il entretient 45 têtes de gros bétail, c'est donc 0,56 tête de gros bétail par hectare.

* * *

13ᵉ. VISITE AGRICOLE.

M. CAUDECOSTE. — DOMAINE DU CHATELET.
PRÈS DES APRES.

Non loin des bois de M. Hurel-Masson, dont nous aurons à vous entretenir longuement et dans les mêmes conditions de stérilité du sol, s'étend l'immense domaine du Châtelet. Quand M. le vicomte de Caudecoste entreprit d'y apporter une culture puissante et d'y bâtir un château, le sol avait partout cet aspect désolé propre aux pays improductifs. On n'y voyait que des champs stériles, terres de labour inertes, et presque partout des bruyères et des broussailles sans valeur, cachant à regret une terre imperméable.

Sur l'ordre du maître, une nuée d'ouvriers s'est abattue sur ce malheureux coin de terre: les uns bâtissaient, les autres divisaient, assainissaient et remuaient puissamment le sol ingrat.

L'action féconde du travail appuyé sur le capital ne tarda pas à se faire sentir : à la place de la bruyère et des broussailles, de magnifiques gazons nivelés et drainés présentent à l'œil enchanté leurs pelouses couleur d'espérance. Le sol arable, préparé avec le même soin, porte des moissons relativement belles ; en un mot, tout s'est transformé dans ce domaine.

Là où l'exploitation d'ailleurs presque nulle ne pouvait s'effectuer qu'à dos de cheval, de superbes routes parfaitement entretenues sillonnent le sol et permettent l'importation et l'exportation. En un mot, sur ce plateau argilo-siliceux, naguère désert, s'étend une exploitation rurale importante qui est devenue productive.

Tout y a été créé : jardins potagers, allées, château, fermes, terres de culture, drainage, prairies naturelles. Aussi, votre Commission est heureuse de vous faire connaître ce qu'a fait pour ce malheureux pays M. le vicomte de Caudecoste. Quel exemple fécond pour l'avenir de notre France ! Que de prodiges semblables verrait-on de toutes parts, si tous nos riches propriétaires, comprenant le rôle magnifique qu'ils auraient à remplir, répudiaient l'absentéisme et réservaient pour les campagnes les stériles sacrifices qu'ils s'imposent dans les villes!

Permettez-nous de vous donner une rapide analyse des améliorations produites sur la ferme de Grand-Val par M. le vicomte de Caudecoste, aidé en cela par un homme de mérite, M. Rousseau, élève de l'école de Grandjouan.

La ferme de Grand-Val, entourant en partie le château, se compose en totalité de 106 hectares dont 64 de terres de labour et 40 de prairies.

Le rendement ancien par hectare était, en blé, de 100 à 300 gerbes et, en avoine, de 50 à 150 gerbes.

1,500 kilogrammes de fourrages étaient le produit maximum des prairies naturelles.

Vingt hectares de terres et prés ont été drainés et, une bonne culture aidant, voyons quels sont les rendements actuels :

Chaque hectare donne de 500 à 800 gerbes de blé ; de 250 à 400 gerbes d'avoine, et les prés produisent de 4 à 5,000 kilog. de fourrages.

Quel rapprochement instructif ! Au lieu d'un travail jadis ingrat, une heureuse et puissante direction a rendu les travaux rémunérateurs. Nous avons vu les gazons habilement rigolés que le parcage engraisse et vivifie ; nous avons remarqué ces terres, naguère imperméables, débarrassées de leur excès d'humidité par un drainage bien conçu, porter des récoltes belles pour l'année et présageant pour l'avenir le succès le plus certain.

M. le vicomte de Caudecoste évalue la différence de produits, en faveur des terres drainées, au rendement d'un cinquième en plus.

Le bétail remarquable de l'exploitation agricole de Grand-Val se compose comme il suit :

13

Nombre des animaux.		Nombre des têtes de gros bétail.
8	juments mères. . .	8
8	vaches à lait. . . .	8
4	porcs.	1
410	moutons.	58-50
Animaux : 430		75-50 Têtes de gros bétail.

Cette exploitation comporte 106 hectares ; c'est donc , par hectare, 0.71 tête de gros bétail.

14ᵉ. VISITE AGRICOLE.

M. MAZE. — DOMAINE DE CHANDAY.

Le vaste domaine de Chanday, près de L'Aigle, avait été précédemment cultivé par M. le duc de Caumout La Force, qui en était propriétaire.

M. Maze, négociant à Rouen, l'a acquis et le cultive depuis 1854.

Le domaine se compose de 367 hectares de toutes terres, dont 12 sont en pâture et 25 en prés irrigués à la manière du pays. 32 hectares ont été couchés en luzerne.

Le reste des terres de labour est cultivé selon l'assolement quadriennal, ainsi qu'il suit :

1°. Jachères avec quelques récoltes sarclées, un peu de colza et pommes de terre ;

2°. Blé, seigle et un peu d'orge ;

3°. Trèfle ordinaire, incarnat et minette ;

4°. Avoine, pour la majeure partie ; blé sur trèfle bien réussi et colza sur trèfle incarnat.

M. Maze envoie, chaque année, sur ses terres environ 100,000 kilog. d'engrais artificiels, tels que phosphates de chaux et résidus de fabrique de colle.

L'augmentation des récoltes a progressé en raison des sacrifices faits par le propriétaire, qui d'ailleurs a remplacé l'assolement triennal par le quadriennal. Les fourrages artificiels ont permis l'introduction d'un plus nombreux bétail et aidé à la production des engrais de ferme.

Aussi, en 1851, les récoltes étaient :

Blé,   12,284 gerbes
Avoine,   8,366   id.   } 23,992 gerbes.
Orge,   3,342   id.

Tandis que la moyenne des trois dernières années a donné :

Blé,   31,605 gerbes
Avoine,   19,990   id.   } 53,566 gerbes.
Orge,   1,974   id.

La récolte a plus que doublé, indépendamment des cultures sarclées et du produit énorme des bestiaux élevés et engraissés avec les fourrages artificiels, qui faisaient presque complètement défaut en 1851.

M. Maze a bien voulu nous donner les détails suivants sur la nature des engrais et les quantités employées par lui, pour améliorer son domaine de Chanday.

§ 1er. — *Engrais pour les céréales.*

Carbonate de chaux, contenant 5 à 6 p. %. de sulfate de soude.	0.20
Plâtre.	0.20
Suie de fourneaux.	0.20
Phosphate de chaux.	0.20
Nitrate de soude.	0.20
Le tout mélangé.	100

400 kilog. à l'hectare.

Prix des 100 kilog. rendus à L'Aigle, 8 fr. 50.

§ 2. — *Engrais pour les luzernes.*

Sulfate de chaux.	0.50
Carbonate de chaux, très-divisé, contenant 5 à 6 p. %. de sulfate de soude. . . .	0.50
Ensemble. . .	100

400 kilog. à l'hectare.

Prix des 100 kilog., à L'Aigle, 5 fr.

Le phosphate de chaux sans mélange vaudrait, les 100 kilog. rendus à L'Aigle, 12 à 13 fr. et il en faudrait à l'hectare 400 kilog.

§ 3. — *Engrais à mélanger avec le fumier.*

Résidus de colle, sulfate de fer et suie de fourneaux, par tiers ; 5 fr. les 100 kilog. rendus à L'Aigle.

M. Maze envoie par an à Chanday 25,000 kilog. d'engrais, § 1 et 2, à 77 fr. 50 c. les 1,000 kilog., c'est-à-dire pour 1,937 fr. 50 c.; et 75,000 kilog. d'engrais § 3, à 50 fr., c'est-à-dire pour 3,750 fr. ; soit pour 5,687 fr. 50 c. par an d'engrais artificiels.

Il nous reste à rendre compte du mobilier vivant

nourri sur cette importante exploitation ; nous y avons trouvé :

Nombre des animaux.		Nombre des têtes de gros bétail.
14	Chevaux.	14
10	Juments.	10
3	Poulains antenais. .	3
3	Id. de l'année .	1
1	Taureau.	1
1	Id. suisse-normand.	1
23	Vaches laitières. . .	23
4	Génissons.	1.5
5	Béliers.	1.5
330	Brebis.	47
199	Moutons.	28.5
203	Agneaux d'un an. . .	20
219	Id. de l'année. .	22
1	Verrat.	0.25
3	Coches	1
17	Porcs.	4.25

Animaux. 1,036   479 Têtes de gros bétail.

La contenance totale exploitée est de 367 hectares ; c'est donc 0.46 tête de gros bétail nourri par hectare sur le domaine de Chanday.

15e. VISITE AGRICOLE.

M. LEFÈVRE, FERMIER A LUCTIÈRE, CANTON DE LONGNY. FERME APPARTENANT A M. LE VANNIER DES VAUVIERS.

L'examen de la ferme de Luctière, nous osons l'espérer, vous offrira un vif intérêt. Il s'agit en effet de mettre sous vos yeux les efforts tentés par M. Lefévre, cultivateur du Calvados, pour introduire dans notre arrondissement le système cultural des riches plaines normandes.

En effet, M. Lefévre a obtenu par son bail le droit de changer l'assolement quadriennal du pays et d'y introduire la culture du colza. Nous allons assister à ses essais et en apprécier les résultats. Nous devons savoir gré à M. Lefévre de la franchise et de l'obligeance avec lesquelles il a bien voulu nous raconter la marche de son essai.

Il est entré à Luctière le 2 février 1858. Comme nous l'avons dit, cette ferme était cultivée selon l'assolement quadriennal du pays; c'est-à-dire: 1re. année, blé sur fumure; 2e. année, céréales de printemps avec trèfle; 3e. année, trèfle, et 4e. année, jachère. Chaque cotaison est de 15 hectares, soit 60 hectares de terre de labour; il y a en plus 4 hectares de prés et 4 hectares de taillis. L'exploitation comprend donc 68 hectares en totalité.

Chaque année, M. Lefévre fait seulement un hectare de betteraves et réserve toutes ses attentions pour la culture du colza, qu'il s'efforce d'introduire avec un zèle digne d'éloges.

Voici l'ordre des opérations culturales faites sur une des soles depuis son entrée. Il sera facile de supposer des séries semblables et successives sur chacune des trois autres saisons.

Dès le mois de mars 1858, M. Lefévre a semé de l'avoine sur la saison à mettre en blé à l'automne suivant. Une fois l'avoine récoltée, il a fumé avec du guano dans la proportion de 500 kilog. par hectare. Le guano, acheté au Havre, lui revenait rendu chez lui à 38 fr. les 100 kilog.; de sorte que la fumure de chaque année coûtait 190 fr. par hectare.

Son colza a été planté en septembre 1858 et en juillet 1859 ; la récolte ayant parfaitement réussi, il a obtenu 550 hectolitres de colza.

Après le colza, il a semé du blé sur fumure de chiffons de laine dans la proportion de 2,000 kilog. à l'hectare. Les chiffons lui ayant coûté à Verneuil 11 fr. les 100 kilog., chaque hectare lui est revenu à 220 fr.; soit 30 fr. de plus que la fumure au guano.

Le blé produit sur cette fumure a donné une bonne récolte.

En mars 1861, le fermier a fait suivre le blé d'un ensemencement moitié en orge, moitié en avoine dans lesquelles il a répandu des graines de trèfle et de ray-grass.

En 1862, il fauchera la première coupe et fera paître la seconde.

Cette récolte sera suivie, au printemps suivant, d'un ensemencement en avoine et, l'année d'après, le terrain jouira d'une jachère complète.

Comme vous le voyez, Messieurs, l'assolement adopté par M. Lefêvre est l'assolement quinquennal avec jachère complète.

Il est facile de comprendre que, la ferme de Luctière n'ayant point la fertilité naturelle des plaines de Caen et de Bayeux, le fermier cherche à diminuer la quantité à ensemencer chaque année pour augmenter en proportion la quantité d'engrais à répartir annuellement sur chaque sole. Le colza ne favorise pas la fabrication des engrais de ferme, les moins chers et les plus substantiels de tous. Les engrais artificiels sont fort chers et, comme la culture du colza veut un sol bien engraissé, il devenait indispensable au fermier de perdre en étendue afin d'accroître proportionnellement la fumure de la partie à ensemencer.

Cette année, en raison de la saison excessivement pluvieuse et des mauvaises conditions dans lesquelles la plantation du colza eût été effectuée, M. Lefèvre a remplacé le colza par le blé et l'avoine.

L'opinion de M. Lefèvre est que les terres de la contrée étant trop argileuses et compactes, le colza y donnera toujours des récoltes incertaines ; il croit que les terrains qui produisent facilement du sainfoin conviendraient mieux à cette culture.

M. Lefèvre, comprenant que l'humidité du sol est le plus sérieux obstacle à la réussite de ses projets, a obtenu de son propriétaire de faire drainer la ferme en faisant 5 °/₀ des fonds employés à cette amélioration. Ce drainage en tuyaux a lieu sous la direction de M. Chaussepied, d'Alençon ; il se fait à 14 mètres de distance et sur une profondeur d'un mètre en moyenne.

Les résultats ne se feront pas attendre, et si, comme il faut l'espérer, M. Lefèvre n'abandonne pas cette curieuse et importante expérience, il est certain que le sol, se trouvant assaini, conservera mieux les engrais abondants qui lui seront confiés, et donnera des récoltes proportionnées aux soins dont elles auront été l'objet.

Le fermier de Luctière est d'ailleurs un cultivateur habile et qui ne néglige rien de ce qui peut augmenter ses moyens d'action sur le sol. Au centre de la fosse à fumier, il a fait construire en maçonnerie une citerne de 2 mètres 50 centimètres de diamètre, sur une profondeur de 4 mètres. Quand elle est pleine, il se hâte de porter les purins sur ses prés au moyen d'un tonneau spécial.

Cette amélioration, dont l'importance est si grande en général, donnera à M. Lefèvre des résultats d'autant plus sensibles qu'il apportera plus de soin à en tirer un bon parti. Le purin ne doit pas être employé en nature. M. Lefèvre sait qu'il brûlerait les herbes et les récoltes, s'il était répandu dans cet état; il doit être, suivant les circonstances spéciales, additionné de beaucoup d'eau, de manière à porter immédiatement aux racines des plantes un effet d'autant plus efficace qu'il est produit avec plus de circonspection.

Nous allons, en terminant, vous faire connaître le bétail nourri sur la ferme de Luctière.

Nombre des animaux.		Têtes de gros bétail.
8 vaches à lait de 3 à 6 ans.		8
4 génisses de 15 à 18 mois. .		4
8 veaux d'un an		8
1 bœuf		1
8 juments de travail . . .		8
Total des animaux	29	Total des têtes de gros bétail : 29

L'exploitation se compose de 64 hectares : M. Lefèvre nourrit sur sa ferme 29 têtes de gros bétail; c'est, par hectare, 0,45 tête de gros bétail. Ce résultat s'explique par la culture spéciale de M. Lefèvre, dont le mobile est avant tout la production des céréales et du colza.

16ᵉ. VISITE AGRICOLE.

M. PERRIOT. — FERME D'AMILLY.

COMMUNE DE CONDEAU, CANTON DE REGMALARD.

L'agriculture, en général, n'a pas pour unique objet de labourer et améliorer le sol, afin d'en obtenir de beaux produits en fruits et céréales ; chez nous , le bétail n'est point réduit au rôle de machine à fumier : il occupe une grande place dans l'économie culturale. Cette nécessité est en même temps une source intarissable de profit entre les mains de nos habiles cultivateurs. En vain quelques savants ont prétendu que l'agriculture entretient son bétail à titre onéreux et l'ont appelé un *mal nécessaire*.

Les exigences de nos sociétés modernes, chez lesquelles la consommation de la viande a pris de grands développements, ont renversé à tout jamais cette étroite théorie. Le bétail a conquis, dans nos fermes, une importance qu'il ne perdra jamais. Le cultivateur intelligent lui demande ses bénéfices les plus grands et les plus fréquents : la routine seule est restée en arrière à ce point, Messieurs, que la mesure d'une bonne culture se prend sur la quantité et la qualité du bétail. L'accessoire est le principal ; tous les inconvénients se sont évanouis et le mobilier vivant est maintenant l'ornement et la fortune de nos plus belles exploitations.

C'est chez M. Perriot que nous pourrons mieux examiner l'influence d'un nombreux bétail d'élite sur un sol d'ailleurs ingrat, pour une notable partie.

La ferme d'Amilly est située sur le versant nord d'une colline assez élevée et quelques terres sont au fond de la vallée. Celles-ci sont de bonne qualité ; mais les autres sont sableuses , argilo-siliceuses et pour la plupart de nature médiocre, sinon mauvaise.

C'est au moyen du bétail et du bétail remarquable que M. Perriot a pu obtenir un véritable succès où, sans cela, il n'eût pu que végéter et tirer du sol quelques céréales qui ne lui auraient permis aucune amélioration. Il n'en a point été ainsi : M. Perriot a formé sur cette ferme un troupeau précieux et auquel depuis long-temps la réputation n'a pas fait défaut; il a garni ses écuries de nombreux et magnifiques chevaux; les étables n'ont eu rien à envier: de belles vaches laitières, remarquables pour le poids, la forme et la qualité, ont dès l'abord frappé l'œil et appelé l'admiration des amateurs.

Cette transformation a été le prélude d'un changement bien autrement considérable dans la culture et l'assolement.

M. Perriot a cultivé et cultive encore avec succès la betterave, qui lui semble indispensable pour l'hiver; il a drainé, terrassé, défriché et fumé largement les terres les plus rebelles. La terre ne reçoit jamais un bienfait sans le rendre au centuple, quand il provient d'une main habile; aussi l'accroissement des récoltes a été le résultat de tant d'efforts, de tant de soins.

Il est vrai que M. Perriot est un cultivateur qui sait son métier et le pratique en maître. Il ne s'est pas contenté d'introduire dans son exploitation des animaux bien choisis et nombreux; il a voulu, par une abondante nourriture, y perpétuer la supériorité de l'espèce et l'accroissement des individus. Son attention constante s'est portée sur la production du fourrage, qui seule permet la nourriture à bon marché et la réalisation de bénéfices là où surviendrait la ruine, si l'alimentation devait exclusivement arriver du dehors.

M. Perriot connaissait à fond le bétail et les nombreuses opérations qu'il nécessite pour l'achat, l'entretien et la vente; la réputation vint à son secours et, indépendamment des besoins de son exploitation, il dut suffire aux demandes nombreuses qui surgirent de toutes parts. Les uns, jalousant son troupeau mérinos et cherchant à marcher sur ses traces, achetaient ses béliers; les autres obte-

naient par ses taureaux l'amélioration de leur race bovine ;
le plus grand nombre, venant de la Beauce et de tous
les pays où le cheval percheron est apprécié, le forçaient
à chaque instant de renouveler ses élèves et de remplir
sans cesse ses écuries, constamment dépeuplées par les
acheteurs.

Vous le saurez, Messieurs, la stabulation permanente
n'est point favorable à l'élève du cheval percheron. Les
contrefaçons du Boulonnais et de la Picardie nous en
sont un sûr garant. Les chevaux percherons et ces derniers ont cependant parfois la même origine, et vous savez
que les résultats ne sont pas les mêmes en fin de compte.

Vous ne trouvez point chez ces derniers la grâce, la
souplesse, la force et la résistance réunies chez le cheval
percheron. Vous y trouverez des sujets aussi gros, plus
gros même quelquefois ; mais les vrais connaisseurs et surtout ceux qui les usent ne s'y trompent pas.

Cet avantage du cheval percheron, il faut le chercher
non-seulement dans sa race, d'ailleurs excellente, mais
dans son éducation qui tout à la fois développe ses membres par un travail proportionné aux forces de l'individu,
et par la nourriture en liberté.

Pour le cultivateur intelligent du Perche, deux choses
sont donc constamment en vue : le nombre et la quantité
du bétail, d'une part ; de l'autre, les moyens de subvenir convenablement et fructueusement à l'entretien de
ce surcroît de mobilier vivant.

Le cheval, chacun le sait, fait le mobile des attentions
de nos cultivateurs ; mais les espèces ovine et bovine ne
sont point négligées. Nous en avons un exemple dans l'intelligent cultivateur dont nous vous entretenons ici.

La nécessité du bétail étant admise dans la culture, l'agriculteur intelligent devait demander à la terre de lui permettre la satisfaction de ce goût inné, de ce besoin inhérent au pays. Il n'est donc pas étonnant que l'assolement quadriennal qui, malgré ses imperfections, avait aidé à sortir de l'antique ornière, n'ait plus répondu à l'accroissement considérable des animaux dans nos plus belles fermes. Le cultivateur ne consulta point la science : il faut le dire à regret, chez lui la pratique semble ne relever que d'elle-même et il ne se rend pas bien compte que faire une innovation, même la plus simple, c'est sacrifier à la théorie ; et que, pour éviter les écarts, il est indispensable de la connaître afin de lui emprunter ce qui est immédiatement et plus particulièrement assimilable à la culture que l'on dirige.

Quoi qu'il en soit, cet errement ne fut point suivi ! Le cultivateur progressiste, voulant nourrir et renouveler sans cesse un bétail qui lui paraissait une source intarissable de profit, se posa ce dilemme : si je veux du bétail, il me faut produire des fourrages en plus grande quantité que par le passé.

Il diminua la sole des céréales, il accorda à la pâture une part plus grande dans son assolement ; sans s'inquiéter des défaillances du sol qu'il se promettait de terrasser, marner, fumer et sans cesse surexciter, il lui imposa deux récoltes de légumineuses dans le cours de la cotaison.

Il se dit : j'ai 100 hectares à cultiver ; maintenant j'ai pendant quatre années 25 hectares successivement en blé, orge ou avoine, trèfle, pâture et jachère ; au lieu de cela, je n'aurai plus que 17 hectares de saison que je marnerai, terrasserai et fumerai abondamment pour le blé. Ma sole, restreinte dans cette notable proportion, m'offrira de grandes facilités et je lui donnerai plus pour en exiger davantage ; je la laisserai sans fumier pendant six ans, mais elle ne devra pas en souffrir.

Ce qui fut dit fut fait :

La 1re. année, parfaitement soignée et engraissée, porta du blé.
La 2e. — de l'orge.
La 3e. — du trèfle pour la faux.
La 4e. — id. pour la pâture.
La 5e. — de l'avoine.
La 6e. — de la minette ou du ray-grass ; puis jachère et blé à l'automne.

Nous ne voulons pas nous étendre sur les inconvénients de cet assolement. Il a des avantages : il répond au gré du cultivateur-éleveur, tant que la terre résiste à ces exigences ; mais qu'elle vienne à succomber sous le faix ; qu'elle refuse de produire cette bienheureuse famille de légumineuses, et l'échafaudage manquera. Il faudra alors recourir à la science qui dira pourquoi cet assolement a fait défaut, et quel assolement il convient d'adopter pour atteindre le but sans se préparer de terribles mécomptes.

La terre, on le sait, produit énormément quand elle est savamment sollicitée ; mais elle refuse promptement ses faveurs à qui lui demande trop ou s'y prend mal. Espérons que le sentiment qui a conduit nos cultivateurs à délaisser l'assolement quadriennal les éclairera sur les conséquences de leur innovation, et leur fera rechercher un remède au mal avant qu'il ait produit des effets désastreux et irrémédiables.

L'assolement est la clef de voûte de tout système de culture. L'assolement de six ans, que nous venons de faire connaître, a été adopté par M. Perriot qui, avec le prestige dont il jouit à juste titre parmi nos cultivateurs, l'a répandu autour de lui.

Ces considérations sur l'assolement de six ans ou de cinq ans, qui tend à faire abandonner par quelques-uns l'assolement quadriennal, nous ont paru indispensables dans ce compte-rendu: M. Perriot est l'auteur de cet assolement et, en indiquant la disposition de ses cotaisons, il nous a semblé utile de faire connaître les motifs qui ont dû le guider en cela. Quels que puissent être pour l'avenir les résultats de cette innovation, elle fait honneur à l'intelligence de son auteur; et vous voudrez, j'en suis sûr, Messieurs, lui savoir gré de l'esprit d'initiative qui, en présence de besoins nouveaux, lui a fait chercher une méthode nouvelle qu'il a pratiquée jusqu'à ce jour avec succès.

Revenons maintenant aux améliorations foncières exécutées par M. Perriot sur la ferme qu'il cultive.

Nous croyons l'avoir dit, la ferme d'Amilly comprend en totalité 125 hectares, dont 15 sont encore en bois et bruyères. Quand M. Perriot a pris possession, comme fermier, de cette exploitation, les meilleures terres étaient seulement cultivées; le reste était en friche et ne produisait que peu de chose.

Chaque année, cet actif cultivateur a augmenté sa superficie arable, à ce point que, depuis le commencement de son bail, il a défriché 45 hectares de bruyères et mauvais bois. Certes, ces terrains ne sont pas encore de première nature; sous la main de M. Perriot, ils ont produit abondamment du seigle et du méteil et n'ont pas nui à favoriser l'entretien du mobilier qui fait l'honneur de sa ferme.

Les parties marécageuses de ses champs ont été assainies avec soin, et nous avons pu voir les drains collecteurs fonctionner comme s'ils venaient d'être établis. M. Perriot a drainé en pierrées, comme l'avait fait son père, sur la ferme des Touches, dépendante du domaine de Voré et sur celle de La Trigaudière. Nous avons eu l'honneur de vous le dire, Messieurs, là, comme dans ces divers endroits, le drainage en pierrées nous a semblé présenter les conditions positives de facilité d'exécution, de durée et de bon marché dans les terrains pierreux de cette partie de notre arrondissement.

Nous allons terminer cet examen en mettant sous vos yeux la liste importante des animaux superbes que nous avons admirés dans cette tenue. Nous nous dispenserons d'indiquer les qualités de chacune des races et des individus en particulier : il nous suffira de dire que M. Perriot nous a paru être à la hauteur de sa réputation sous ce rapport, ce qui n'est pas peu dire.

MOBILIER VIVANT DE LA FERME D'AMILLY.

	Nombre des animaux.	Têtes de gros bétail.
42 chevaux	20 laitons. . . .	10
	16 antenais . . .	16
	2 de 3 ans . . .	2
	4 étalons. . . .	4
16 bêtes bovines	7 vaches à lait. .	7
	4 génisses de 2 ans.	4
	5 taurailles, mâles et femelles. . .	2-5
	6 porcs.	
390 bêtes ovines	210 mères. . . .	30
	30 mères antenaises	7-5
	150 agneaux. . .	15

Nomb. des anim. : 448.   Têtes de gros bétail 100, »

M. Perriot fait valoir 125 hectares de terre ; il y entretient 448 animaux, composant 100 têtes de gros bétail ; il nourrit donc, à l'hectare, 0.80 tête de gros bétail.

17e. VISITE AGRICOLE,

M. PELLETIER. — FERME DU BREUIL.

COMMUNE DE MAUVES, CANTON DE MORTAGNE.

Nous vous parlerons aujourd'hui de M. Pelletier, qui occupe la belle métairie du Breuil.

Cette ferme, située sur un plateau peu élevé, au milieu même de la vallée de Mauves, est dans une riante position et assise sur un sol fertile. Les bâtiments dominent le plateau qu'entourent à l'ouest les belles prairies qui dépendent de la propriété, et ils sont au centre des terres de labour.

Inutile de dire que ces terrains à sous-sol calcaire sont naturellement productifs ; mais nous aurons à vous entretenir du nombreux et remarquable bétail nourri par M. Pelletier dans cette ferme, et de la spécialité concernant l'éducation du cheval percheron destiné au commerce.

Nous devons constater, en entrant, l'installation d'une machine à battre en travers, sortant des ateliers de M. Lecoq, de Chartres. M. Pelletier veut, comme tous ceux qui, dans notre contrée, ont admis ces sortes de machines, diminuer la main-d'œuvre dans le battage et la préparation des grains destinés à la vente ou aux semailles.

14

L'économie de bras, en ce moment où ils sont rares et se font payer fort cher, est une chose importante dans la culture, que le renchérissement de la main-d'œuvre atteint sans aucune compensation. Aussi, à l'exemple de nombreux agriculteurs de cette partie de l'arrondissement, M. Pelletier a-t-il cherché à triompher de ce grand obstacle à toute bonne culture, en introduisant une machine à battre qui, en économisant le temps, les bras et conséquemment la dépense, lui permet de reporter en proportion ses efforts sur les autres branches de son exploitation.

M. Pelletier, comme presque tous nos cultivateurs percherons, achète des poulains de lait, les garde jusqu'à deux et trois ans et les vend au commerce. Placé mieux qu'aucun autre au milieu de ce riche pays de Mauves, si renommé pour ses bons chevaux percherons, il a plus d'occasions de renouveler ses écuries; aussi pratique-t-il avec avantage cet usage, d'ailleurs général dans la contrée, de vendre tant qu'il trouve acheteur, sans s'occuper des besoins de la ferme. Comme tous les autres, il sait remplir les vides qui sont faits dans ses écuries à toute époque de l'année.

Nos cultivateurs distingués ne se bornent pas à vendre exclusivement les poulains élevés par eux quand ils ont atteint l'âge *marchand*, qu'on me passe cette expression; les acheteurs en ont-ils trop diminué le nombre, les places sont regarnies et le commerce se continue ainsi indéfiniment. L'élevage propre au cultivateur forme le noyau, mais il ne limite pas la vente.

On peut dire que, dans nos belles fermes du Perche, le cheval percheron renaît de ses cendres comme le Phénix; aussi, Messieurs, la culture de notre pays est étroitement liée à l'industrie ; car ce qui a lieu pour le cheval s'y pratique souvent, mais dans de moindres proportions, pour les autres races ; c'est ce qui fait répéter généralement cette devise : qu'il ne faut jamais refuser de vendre.

M. Pelletier cultive suivant l'assolement quadriennal ordinaire ; il y est obligé par son bail.

Voyons maintenant quel est le mobilier vivant qu'il entretient ordinairement sur sa ferme :

Nombre des animaux.	Têtes de gros bétail.
8 poulains.	4
5 antenais.	5
4 chevaux d'âge.	4
7 vaches à lait.	7
6 bœufs.	6
4 génisses d'un an.	4
10 veaux de lait.	5
50 moutons.	7
3 porcs.	1
Nombre des animaux : 97	Têtes de gros bétail : 43

M. Pelletier cultive 78 hectares de toutes terres ; il nourrit dans son exploitation 97 animaux formant 43 têtes de gros bétail ; c'est donc, par hectare, 0,55 tête de gros bétail.

18e. VISITE AGRICOLE.

M. FROMENTIN. — FERME DE LA VALLÉE,

Appartenant à M. DE CHASOT, président du Comice agricole et député.

Notre visite chez M. Fromentin ne vous offrira pas un intérêt moindre que les précédentes. Ce cultivateur élève le cheval percheron, en vue surtout d'obtenir des étalons supérieurs. Ses succès témoignent de sa connaissance profonde de notre belle race chevaline, et sont la récompense bien méritée des soins de toute nature qu'il y met.

La ferme de la Vallée est située derrière le château de M. de Chasot; long-temps elle a été cultivée et améliorée par lui. Les constructions se ressentent du voisinage du maître et de son goût pour l'agriculture.

Nous avons remarqué la disposition bien entendue des bergeries où les moutons, recevant l'air à hauteur des râteliers, sont absolument comme au parc. Ils ne sont jamais exposés aux transitions subites et malsaines d'une atmosphère trop chaude quand on les mène paître, et les causes de maladie sont ainsi considérablement amoindries.

L'écurie aux chevaux, que l'on achevait au moment de notre passage, sera en rapport avec la beauté des animaux auxquels elle est destinée: auges en pierre de Caen, râteliers et barreaux en fer, pavage en brique sur champ avec canal arrondi derrière les chevaux; plafonds, vasistas, rien n'y manquera. M. Fromentin brille par la qualité de ses élèves, mais le propriétaire a compris que de si louables efforts devaient être récompensés, et il l'a doté d'une écurie digne de ses nobles animaux.

M. Fromentin suit l'assolement quadriennal ordinaire auquel l'oblige son bail. Ses récoltes, malgré l'année mauvaise, ne laissent pas trop à désirer et nous avons pu nous assurer que, s'il donne à l'élève du cheval toute son attention, les autres branches de sa culture n'ont point à en souffrir. Voici le détail des bestiaux qu'il entretient sur cette ferme :

MOBILIER VIVANT DE LA FERME DE LA VALLÉE.

Nombre des animaux.		Nombre des têtes de gros bétail.
4	poulains.	2
3	chevaux ordinaires de 3 ans.	3
5	étalons de 3 ans.	5
6	vaches à lait	6
4	taures.	2
4	bœufs	4
1	taureau.	1
83	moutons, brebis et agneaux.	7
3	porcs.	1

Total des animaux : 113   Têtes de gros bétail : 31

M. Fromentin cultive 51 hectares de labour, 7 hectares 50 ares de pré, en tout 58 hectares 50 ares de toutes terres. Il y nourrit 113 animaux, représentant 31 têtes de gros bétail ; c'est donc, par hectare, 0,53 tête de gros bétail.

19e. VISITE AGRICOLE.

M. COLLAS. — FERME DU HOUX.

COMMUNE DE CONDEAU, CANTON DE REGMALARD.

Votre Commission a voulu voir, pour vous en rendre compte, la culture de M. Collas, qui exploite la ferme du Houx, située dans la vallée d'Huisne, sur un terrain naturellement fertile, siliceux, graveleux, légèrement calcaire. Cette belle métairie compte 40 hectares de labour, et 12 1/2 en prés et pâtures, dont 6 sont destinés exclusivement à l'engraissement du bétail.

La culture de M. Collas nous a paru être dans d'excellentes conditions. Il suit l'assolement quadriennal auquel il est astreint par son bail ; mais ses terres sont parfaitement soignées ; des terrassements sont faits autour des pièces, et facilitent l'écoulement des eaux de la superficie.

M. Collas nous a montré des prés qu'il a drainés au moyen de pierrées ; ces travaux ont partout été exécutés avec goût, et ont partout obtenu un plein succès. Les prés autrefois infestés de plantes nuisibles, inabordables au bétail qui y perdait pied, sont devenus de riches pâtures où les animaux engraissent en mangeant, jusque dans la racine, cette herbe dont ils ne se nourrissaient qu'à regret avant l'assainissement pratiqué par cet intelligent cultivateur.

M. Collas cultive un demi-hectare de carottes et de betteraves, à titre d'essai ; il a cependant fait l'acquisition d'une houe à cheval, celle de Grignon, et d'un buteur.

Ce ne sont pas, d'ailleurs, les seuls instruments perfectionnés que nous ayons rencontrés dans cette ferme bien tenue. Des charrues en fonte de bon modèle, et un semoir Leconte à toutes graines, témoignent du goût de M. Collas pour le progrès et des efforts qu'il tente dans cette voie.

Nous ne voulons point passer sous silence une amélioration qu'il a pratiquée dans ses bergeries.

Un râtelier léger est joint à la crèche, qui se relève le long du mur et sur le devant de manière à empêcher, autant que possible, la déperdition des graines et fleurs des rations fourragères ; le tout est mobile et supporté par deux tiges percées de trous. Ces tiges passent dans les mortaises de deux supports fixés dans le mur, à 1ᵐ. 50 de hauteur du sol. Ces supports sont percés d'un trou de tarière, correspondant au milieu de la mortaise, et une cheville placée dans ce trou donne la faculté de hausser ou de baisser à volonté les tiges qui supportent le râtelier et la crèche.

Cette ingénieuse disposition, que nous avons vue établie chez M. Segouin du prieuré de Ste.-Gauburge, permet de laisser s'amasser dans la bergerie une grande quantité de fumier sans que les moutons soient gênés pour prendre leur nourriture. Quand on juge à propos de curer les bergeries, on tire la cheville, on descend la tige et en même temps bien entendu le râtelier et la crèche, et l'on fixe à volonté leur distance du sol ; puis on va à l'autre support en faire autant, et le râtelier est en place jusqu'à nouvel ordre.

L'adoption de ce système favorise beaucoup la bonne tenue des bergeries, et empêche le gaspillage du fourrage. Il permet de mettre la nourriture à la portée des animaux de toute taille et de tout âge ; en un mot, c'est un progrès que l'introduction de cette mangeoire mobile, et nous en félicitons M. Collas.

En agriculture il n'est point de précautions à dédaigner, et je crois que vous approuverez comme nous, Messieurs, l'intelligente disposition d'un séchoir à fromages fixé contre un mur et exposé au nord. Ce séchoir est distant du sol d'au moins 5 mètres, et il n'est exposé ni aux rats ni aux chats. C'est un bâti léger en lattes pouvant contenir 2 ou 300 fromages; un couvercle de zinc le protège contre la pluie, et, dans ces conditions, les fromages doivent sécher convenablement, et conserver toutes leurs qualités qu'ils perdent si souvent dans nos fermes, où cette partie de la fabrication fromagère est toujours extrêmement négligée.

Le bétail de M. Collas n'est point indigne de sa culture; il se remarque par les formes et le nombre; en voici le détail:

Nombre des animaux.	Têtes de gros bétail.
5 vaches à lait. . . .	5
2 veaux de l'année. . .	1
3 porcs	1
4 chevaux.	4
6 antenais	6
4 poulains	2
100 moutons.	14.25
50 agneaux.	5
Nombre des animaux. 174 Total des têtes de gros bétail.	38.25

M. Collas fait valoir 40 hectares de terre de labour, et 6 hectares 1/2 de prés attachés à la ferme: en tout, 46 hectares 1/2; il y entretient 38,25 tête de gros bétail, c'est-à-dire 0,82 tête de gros bétail par hectare.

20ᵉ. VISITE AGRICOLE.

M. PERRIOT jeune. — A LA FERME DES TOUCHES.

COMMUNE DE DORCEAU, CANTON DE REGMALARD.

La ferme des Touches, située sur le versant ouest d'une colline qui longe la rive gauche de la rivière d'Huisne, dépend du domaine de Voré. Le sol en est argilo-siliceux-sableux. Les terres ont toutes l'exposition sud-ouest, et elles présentent cela de particulier, qu'au-dessus du corps de ferme, qui forme à peu près le centre de la propriété, de nombreuses sources se font jour au-dessous de la couche sableuse et rendent le sol humide. Autrefois même, il était tout-à-fait marécageux sur une assez grande étendue dans cet endroit, malgré l'élévation du sol et son inclinaison assez prononcée.

Quelques-uns auraient vu dans ce caprice de la nature une source de richesse appelant un aménagement spécial ; mais le père de M. Perriot jeune préféra assainir ces terres humides, et les rendre à la production du froment et des fourrages artificiels.

A cet effet, il fit établir de nombreuses tranchées et les combla avec les pierres dont il débarrassa ses terres de labour ; en un mot, il exécuta un drainage important et solide dont le fonctionnement a lieu maintenant comme s'il venait d'être établi.

Le vaste plateau qui domine la ferme fut ainsi assaini et débarrassé des eaux qui, faute d'être utilisées, perdaient le sol dont elles auraient pu doubler la richesse.

L'assolement suivi par M. Perriot jeune est l'assolement quinquennal suivant :

1re. année, blé sur fumier.

2e. —   orge et avoine.

3e. —   trèfle et sainfoin.

4e. —   avoine.

5e. —   minette, puis labours de blé.

Cet assolement, sur lequel vous avez entendu l'avis d'un de nos meilleurs cultivateurs, se retrouve dans quelques fermes des cantons de Nocé et Regmalard. Nous n'avons pas à répéter ici l'opinion que nous avons cru devoir formuler sur cet assolement.

Nous avons pensé que le retour trop fréquent des légumineuses aurait des inconvénients : l'invasion des mauvaises herbes, en effet, se trouve favorisée par cet assolement.

M. Perriot jeune se plaint beaucoup du chiendent qui dévore sa terre et dont il ne sait comment la débarrasser. Il accuse son sol d'un tort qui n'a d'autre cause que le retour anormal et trop fréquent de certaines plantes et l'écartement des fumures et des labours.

M. Perriot jeune est un homme intelligent et actif; son bétail magnifique témoigne hautement en sa faveur, et le soin qu'il prend de sa culture prouve que, s'il apportait quelques changements utiles dans la marche de son assolement, il obtiendrait un plein succès.

La ferme, d'ailleurs, est une des plus belles de notre contrée; son sol assaini se prêterait à toutes les améliorations vraiment progressives et profitables; elle est accompagnée de vingt hectares de prés et pâtures de bonne qualité. En totalité, cette exploitation comprend environ 120 hectares, et avec l'intelligence et l'activité de

M. Perriot jeune, elle est susceptible d'une sensible amélioration.

Le mobilier vivant de cette métairie est remarquable en formes et en qualité. Il se compose comme il suit :

Nombre des animaux.		Têtes de gros bétail.
257	mères brebis	37
145	agneaux.	14 50
12	vaches à lait.	12
15	taures.	15
9	chevaux, dont 2 antenais remarquables	9
1	très-bel étalon gris fer, 4 ans.	1
Total des animaux 439		Total des têtes de gros bétail. 88 50

La ferme exploitée par M. Perriot jeune contient 120 hectares de terre de labour et prés ; il y entretient 88,50 têtes de gros bétail ; c'est 0,72 tête de gros bétail par hectare.

<hr>

21ᵉ. VISITE AGRICOLE.

M. RIGAUD. — FERME DE L'ORGUEILLARDIÈRE,
APPARTENANT A M. LE COMTE D'ORGLANDES.

COMMUNE D'IGÉ, PRÈS BELLÊME.

Nous allons vous faire connaître la ferme de l'Orgueillardière, située sur un plateau exposé à l'ouest dans un sol humide et peu fertile. Cette ferme se compose de 30 hectares de labour et 6 hectares de prés ; elle est cultivée selon l'assolement quadriennal ordinaire.

M. Rigaud fait valoir en même temps un bordage de 20 hectares environ, lui appartenant ; ce qui porte à 56 hectares la totalité des terres qu'il exploite.

M. Rigaud n'a pas été fermier toute sa vie. Il a été tisserand avant d'entrer dans cette ferme ; aussi les améliorations qu'il y a apportées n'en ont-elles que plus de mérite.

Nous avons remarqué l'ordre qui règne dans sa ferme, le soin qu'il prend de son jardin et des arbres à fruits qui le garnissent. La porcherie est précédée d'une cour close qui permet de laisser sortir les porcs sans avoir de dégâts à craindre de leur part. Cette disposition, fort rare dans nos fermes, nous a paru digne d'attention. Une chaudière montée sur un fourneau sert exclusivement à la nourriture des bestiaux.

Le mobilier vivant de M. Rigaud est composé comme il suit :

Nombre des animaux.	Têtes de gros bétail.
5 juments.	5
2 antenaises	2
7 vaches à lait.	7
6 veaux de l'année	3
1 taureau.	1
3 porcs.	1
150 moutons, y compris les agneaux.	18-50
Nombre des anim. : 174	Têtes de gros bétail : 37.50

M. Rigaud fait valoir 56 hectares de toutes terres ; il y entretient 174 animaux, qui forment 32,50 tête de gros bétail ; c'est donc, à l'hectare, 0,67 tête de gros bétail.

22e. VISITE AGRICOLE.

M. DUTEIL. — FERME DES ECOUVAILLERIES.

COMMUNE DE St-OUEN-DE-LACOUR, CANTON DE BELLÊME.

Au nord de la forêt de Bellême, et tout près de sa lisière, est située la ferme des Ecouvailleries dont le sol est argilo-siliceux et le sous-sol calcaire. Elle se compose de 20 hectares de terres de labour à peine et de 2 hectares 50 ares de prés.

Ce n'est donc pas l'importance de cette exploitation qui nous a engagé à vous en exposer la visite agricole; mais bien les soins avec lesquels M. Duteil cultive cette petite métairie; l'intelligence avec laquelle il tire parti de ses engrais, et son habileté à se procurer du fumier pour ainsi dire à son gré.

Il nous a paru que la méthode de M. Duteil avait une très-grande importance, et si nous avions eu besoin de motifs sérieux pour appuyer cette appréciation, les belles récoltes de cette ferme nous en eussent fourni d'excellents. En effet, Messieurs, l'année mauvaise n'a pour ainsi dire eu aucune action sur la production des céréales dans cette ferme et, comme nous, M. Duteil en attribue le bénéfice à l'engrais qu'il a pu mettre en grande abondance sur ses terres.

La couche arable a été considérablement améliorée de cette façon, et sa porosité a été augmentée en proportion des amendements employés et de leur nature.

En effet, les litières au moyen desquelles M. Duteil remplit sans cesse sa fosse à engrais ne se décomposent pas aussi facilement que la paille ; leur essence ligneuse prédomine même après leur conversion en engrais et leur emploi dans les champs.

Le sol est soulagé par ce robuste et abondant engrais qui s'y incorpore plus lentement et d'une façon très-efficace, et l'effet produit sur les récoltes de l'année se trouve ainsi parfaitement expliqué.

Année moyenne, M. Duteil demande à la forêt 25,000 kilogrammes de matières premières qu'il destine à grossir sa motte-engrais. C'est à peu près dix voitures contenant chacune environ cent *veillots* de 25 kilogrammes.

L'Administration fait payer 1 fr. 50 seulement par voiture ; mais les frais s'élèvent à 10 fr. pour faire couper la bruyère. Cinq personnes sont employées pour l'approcher, la charger et compléter assez promptement une voiture attelée de 3 à 4 chevaux.

On peut donc évaluer à 20 fr. environ chaque voiture de bruyère rendue dans la ferme et, moyennant 200 fr., M. Duteil a su se créer de l'engrais à volonté pour ainsi dire.

Les sacrifices faits à la terre ne sont jamais perdus : les récoltes de M. Duteil nous l'ont prouvé et ce qui est vrai, dans ce cas, l'est presque toujours : ne semons-nous pas le froment dans les sillons à la garde de la Providence ? — Pour nous récompenser de notre hardiesse, en échange elle transforme le grain de blé en épis et les semailles en moissons !

MOBILIER VIVANT DE M. DUTEIL.

Nombre des animaux.		Têtes de gros bétail.
4	chevaux de trait	4
2	antenais.	2
2	bœufs	2
1	taureau.	1
4	vaches à lait	4
4	tourailles	2. 50
4	veaux	1. 50

Total des animaux: **21**   Total des têtes de gros bétail: **17** »

M. Duteil cultive 22 hectares 50 de toutes terres, c'est donc, par hectare, 0.80 tête de gros bétail.

23ᵉ. VISITE AGRICOLE.

M. GUILLAIN, PROPRIÉTAIRE A SENONCHES. — PROPRIÉTÉ
DU BUAT,
PRÈS DE L'AIGLE.

La Commission a visité la ferme du Buat, située au sud-est et à une très-faible distance de L'Aigle. Cette belle propriété appartient à M. Guillain, gendre de M. Bourget, qui y avait commencé de son vivant, d'importantes améliorations.

Elle se compose de 60 hectares de terres de labour, de 23 hectares de prés, noës et pâtures et de 2 hectares de bois-taillis. En totalité, elle contient 85 hectares.

Il y a une trentaine d'années, au moment où feu M. Bourget père entreprit de reconstruire ces bâtiments et de soumettre cette terre à un système d'améliorations puissantes et persévérantes, elle était dans le plus mauvais état. Le sol, très-mal dressé, retenait en de nombreux endroits l'eau pluviale à sa superficie: aussi les récoltes étaient sans valeur et le fermage très-faible.

Tout changea bientôt: de magnifiques constructions, aussi spacieuses que bien appropriées à leur destination, s'élevèrent dans les cours; de grands travaux de nivellement et d'assainissement, au moyen de terrasses, furent entrepris et donnèrent à cette propriété une surface unie et facilitant l'égout des eaux pluviales. La charrue put fonctionner partout sans obstacle. A cela s'ajoutèrent des amendements considérables que M. Bourget demandait aux boues de la ville, aux terres recueillies sur les routes, aux débris de démolitions.

Ce n'est point exagérer que de porter à plus du double la valeur acquise par cette propriété, en raison de ces premiers sacrifices.

M. Guillain a voulu continuer ces améliorations et les compléter. Ne se contentant plus de soumettre cette propriété à une culture soigneuse, il a entrepris de la faire drainer tout entière. Déjà, sous la direction de M. Houdellierre, 37 hectares ont été drainés avec un plein succès jusqu'à ce que le reste jouisse du même avantage, ce qui ne se fera pas long-temps attendre.

M. Guillain, nous nous plaisons à le dire, est un des riches propriétaires de notre arrondissement qui ont le plus pratiqué le drainage. Dans une autre partie de l'arrondissement, il a fait drainer 15 hectares de sa ferme de la Folie. Il faut savoir gré à M. Guillain de chercher à répandre cette amélioration radicale, ayant pour but de changer la nature des sols les plus rebelles et de les rendre propres à toutes les cultures.

Comme M. Bourget, son beau-père, M. Guillain ne s'est

pas sensiblement écarté de la méthode du pays: il admet l'assolement triennal en y introduisant les prairies artificielles. Il veut, avant tout, appliquer au drainage les sacrifices annuels qu'il destine à ses propriétés; mais il a considérablement accru son troupeau de métis-mérinos.

Triomplant de l'imperméabilité du sol, il peut sans danger maintenant entretenir avec fruit la race ovine, qui redoute avant tout les terrains froids et humides.

A l'exemple de feu son beau-père, il achète chaque année des poulains percherons qu'il revend à l'âge de 5 ans. Nous avons remarqué la beauté de ces jeunes chevaux, de forte taille et d'excellente conformation.

La vacherie est composée de bêtes normandes. Sous ce rapport, comme pour le troupeau, nous avons pu constater que les animaux de cette exploitation se distinguent par leur taille et leurs qualités; et nous sommes heureux de dire que, si M. Guillain fait des sacrifices pour améliorer son fonds, il ne néglige rien de ce qui a trait aux différents services de sa ferme et notamment à son remarquable bétail.

Nombre d'animaux.	Têtes de gros bétail.
5 chevaux	5
4 poulains	2
14 vaches et génisses	14
3 veaux	1
3 porcs	1
191 moutons	27
60 agneaux	6
Nombre des animaux : 280	Têtes de gros bétail: 56

Cette propriété est composée de 85 hectares: elle nourrit 56 têtes de gros bétail; c'est donc 0,66 tête de gros bétail par hectare.

15

24ᵉ. VISITE AGRICOLE.

M. DUBERNE, PROPRIÉTAIRE-AGRICULTEUR. — FERME DU CHALOUÉ.

COMMUNE DE L'AIGLE.

Permettez-nous de vous rendre compte de la visite que nous avons faite à la ferme du Chaloué, cultivée par M. Duberne, qui en est propriétaire.

Cette ferme se compose de 45 hectares de toutes terres, dont : en pâture et cour, 2 hectares 50 ; prés secs, 7 hectares 50 ; prés irrigués, 50 ares ; labour drainé, 28 hectares ; labour non drainé, 6 hectares 50.

Comme on le voit, M. Duberne a 34 hectares 50 en culture et 10 hectares 50 en cour, pâture et prés.

La terre de labour est de mauvaise qualité. Elle a été considérablement améliorée par les soins de M. Duberne et surtout assainie, sur 28 hectares, au moyen de drains écartés de 15 à 20 mètres.

Ce drainage a partout donné de bons résultats, mais ils sont plus sensibles là où les drains sont plus rapprochés. La profondeur adoptée a été de 1 mètre environ, et, en moyenne, le prix de revient du drainage par hectare est de 300 francs.

M. Duberne, en cultivateur sachant joindre la théorie à la pratique, a demandé l'amélioration de son sol à l'assainissement du terrain, à une culture améliorante et à un assolement qui la rende possible. L'assolement triennal a donc été délaissé pour faire place à la culture

1°. Jachère ;

2°. Blé et avoine ;

3°. Trèfle, vesce et pois ;

4°. Avoine.

Sachant au besoin mettre la main à l'œuvre, M. Duberne a poursuivi avec persévérance le système d'amélioration qu'il a introduit sur sa propriété; aussi le succès a couronné ses efforts, et le sol ingrat de sa ferme lui donne des récoltes satisfaisantes et tend à s'améliorer sensiblement.

Le bétail entretenu par M. Duberne sur sa propriété est fort beau, et répond aux soins qu'il prend de sa culture en général. Ses chevaux sont tous des croisements riches de sang anglais ou arabe. Nous allons mettre sous vos yeux le détail des animaux qui sont nourris sur la ferme du Chaloué :

Nombre des animaux.	Têtes de gros bétail.
5 juments ayant du sang anglais ou arabe.	5
4 jeunes chevaux nourris moitié de l'année sur la ferme, soit 2.	2
4 vaches normandes.	4
1 verrat New-Leicester. . . .	0.50
2 femelles d°.	0 66
100 moutons et brebis.	14.33
15 agneaux.	1.50

Total des animaux : 131   Total des têtes de gros bétail : 28 »

M. Duberne entretient sur sa propriété, composée de 45 hectares, 131 animaux, composant 28 têtes de gros bétail. C'est donc, par hectare, 0,62 tête de gros bétail.

25ᵉ. VISITE AGRICOLE.

M. BOUDON. — DOMAINE DE LANDRES.

COMMUNE DE MAUVES, CANTON DE MORTAGNE.

Au milieu des coteaux accidentés qui se cachent sous les bosquets et les massifs de verdure, on trouve tout près du joli bourg de Mauves, le domaine de Landres, l'ancienne résidence de M. Dureau de La Malle, le traducteur de Tacite, et membre de l'Académie. Son fils, aussi membre de l'Institut, vient d'y finir ses jours. La ferme exploitée par M. Boudon est située près du château; le sol en est argilo-calcaire et elle se compose de 60 hectares de labour, de 5 hectares de prés, et 3 hectares 50 ares de pâtures.

M. Boudon suit l'assolement quadriennal ordinaire du pays, et son mobilier vivant se compose comme il suit :

Nombre d'animaux.		Têtes de gros bétail.
9	juments poulinières. . . .	9
2	antenaises.	2
4	poulains de lait.	2
7	vaches laitières.	7
4	taurailles.	4
5	veaux de lait.	2,5
7	bœufs.	7
1	taureau.	1
60	brebis et agneaux. . . .	7,5
3	porcs.	1

Animaux : 102   Têtes de gros bétail : 42 »

M. Boudon cultive 68 hectares 50 ares de toutes terres, sur lesquelles il entretient 102 animaux formant 42 têtes de gros bétail; c'est donc 0,60 tête de gros bétail par hectare.

26ᵉ. VISITE (SYLVICULTURE ET IRRIGATION).

M. MOUCHEL, DE L'AIGLE. — USINES D'AUBE ET DE BOIS-THOREL.

COMMUNES D'AUBE ET DE RÉ.

Deux grandes choses feront l'objet de cet examen : l'irrigation des prairies et les soins donnés à la plantation forestière. Leur importance, au point de vue de l'accroissement de la richesse du sol et de la production, est immense, et nous aurons, dans cette visite, l'occasion la plus favorable d'en faire ressortir les nombreux avantages.

Nous aurons surtout en vue l'irrigation, que la plus grande partie de notre arrondissement ignore, tandis qu'elle produit des merveilles dans une portion de ce même arrondissement. Là, nous trouverons de grands et magnifiques enseignements; à chaque pas, nous toucherons du doigt les résultats obtenus; et, si des reproches peuvent être adressés à l'irrigation qui porte à abuser de l'eau, tant pour la durée que pour le volume de liquide dépensé, nous verrons que cette irrigation peut s'exercer très-fructueusement sans nuire aux usines et sans détériorer le fonds en y favorisant l'accroissement des herbes aquatiques.

Les améliorations forestières de M. Mouchel sont faites avec ce soin et cette précision qui caractérisent ses entreprises. Tous les soins y sont donnés, mais rien n'y est prodigué en pure perte.

Pour laisser à cette visite sa physionomie, nous vous demanderons, Messieurs, de ne rien mettre par paragraphes, de ne rien classer rigoureusement et de nous laisser causer, à notre aise, de toutes les belles choses que nous rencontrerons sur les pas de M. Mouchel, qui veut être notre guide et notre *cicérone*.

Peut-être même ne pourrons-nous pas résister tout-à-fait au désir de hasarder quelques digressions sur les usines puissantes qui fondent dans cette vallée le nickel et le cuivre, martellent ces métaux sans relâche, les laminent en feuilles de toutes dimensions, les étirent par bouts d'une finesse et d'une longueur telles qu'ils pourraient s'enrouler tout d'un trait sur l'arrondissement en guise de fuseau. Mais nous reviendrons à la hâte à notre sujet, si plein d'intérêt et si curieux à connaître.

Les prairies que nous allons visiter sont situées au-dessus et au-dessous du bourg d'Aube, assis au bas du versant nord d'un coteau assez élevé et sur le bord de la Risle. En même temps qu'elle arrose les prairies de la vallée, cette rivière met en mouvement les marteaux, les soufflets et les innombrables engins de la chaudronnerie, de la forge d'Aube et de la tréfilerie de Bois-Thorel, trois usines distinctes, s'échelonnant le long de ses rives, sur une distance d'environ trois kilomètres, et occupées par le génie manufacturier de M. Mouchel.

M. Mouchel est âgé de 76 ans; toute sa vie n'a été qu'une lutte constante et victorieuse dans la voie ardue du progrès industriel, et, ce qui doit réjouir ceux qu'embrase le feu sacré et qu'entraînent sans cesse en avant les élans d'une activité sans laquelle rien ne peut se produire dans la vie, c'est de voir M. Mouchel, en dépit de ses nombreux printemps, franchir les fossés, marcher avec une vigueur étonnante ; c'est de voir le soin et l'attention du maître se multiplier sur tous les points de ses immenses ateliers, et partout où ses intérêts l'appellent.

Nous avons laissé derrière nous le village de Ré, sur le territoire duquel est situé la tréfilerie de Bois-Thorel.

Déjà, entre les grands arbres de la vallée, nous apercevons les hautes cheminées de l'usine lançant au vent d'ouest leur sillon de fumée noire. Plus bas, la vapeur s'échappe en jets floconneux d'une blancheur qui fait contraste ; on entrevoit, sous les bosquets qui les entourent, les immenses bâtiments de l'usine. Nous sommes arrivés.

Mais nous n'entrerons pas tout d'abord ; suivant les pas de notre honorable conducteur, nous remonterons avec lui le cours de la Risle, nous passerons le village d'Aube qui s'étend avec coquetterie autour de son gros clocher, et nous gagnerons la première rivière transversale où commencent les belles irrigations que veut nous faire voir M. Mouchel.

A la place d'un antique barrage étroit et profond qui, tout en dévastant les rives des rigoles d'écoulement par l'avalanche qu'il y précipitait, abaissait énormément le niveau de la rivière, M. Mouchel a fait établir un large égrilloir surmonté d'une lame étroite formant en même temps déversoir en cas de crue. La hauteur de cette large vanne n'est guère que de 30 centimètres ; un engrenage en facilite la manœuvre et le moindre effort la rend mobile.

Un système ingénieux a présidé à sa construction.
Cette lame de fonte glisse verticalement dans une mortaise de la sole gravière ; au lieu de l'exhausser pour
inonder les prés, il faut au contraire l'enfoncer et de la
sorte elle permet à l'eau de la rivière de passer régulièrement en-dessus sans lui donner cette violence dévas-
tatrice à laquelle cèdent tôt ou tard les travaux d'art,
même les plus solides.

L'eau tombe donc tranquillement du haut de la vanne
qui, pour donner le cube d'eau voulu, présente plus ou
moins de longueur en ne dépassant pas une trentaine de
centimètres en hauteur.

Que d'avantages dans ce système, si simple et pas plus
coûteux cependant que le système ancien à pales de
fonds ! Les bords de la rivière ne sont point ravagés ; les
vallées ne sont point creusées de ravins dangereux et
gênants ; l'eau court lentement répartir ses bienfaits au
gré d'une rivière artificielle qui suit la pente du sol
en traversant la prairie sans la défoncer. Chaque prise
d'eau débite, à son aise, sa ration pesée pour ainsi dire
en raison de ses facultés digestives ; rien n'est perdu, tout
est utilisé, et le problème si difficile de l'irrigation des
prairies, sans nuire aux usines, se trouve ainsi merveil-
leusement résolu.

Il ne faut pas croire que nous cherchons à éblouir sous
de faux semblants : les faits sont là pour répondre. Il ne
faut pas non plus prétexter d'économie et nous dire que
M. Mouchel seul peut réaliser de si belles choses. Non,
Messieurs, ce n'est ni difficile, ni trop cher. Si M. Mouchel,
pour lequel le fer et la fonte sont, il est vrai, peu coûteux,
emploie judicieusement ces métaux qui durent toujours à
la place du bois qui se détériore si vite sous l'influence

atmosphérique et sous l'action sans cesse répétée de l'humidité et de la sécheresse, il donne un bon exemple et qui n'a rien de ruineux. Tous ceux qui irriguent n'ignorent pas combien le renouvellement et l'entretien des pales sont fréquents et coûteux; la dépense première est plus forte en employant le fer, mais la durée est décuple. Il y a donc économie.

L'emploi du métal n'est pas d'ailleurs obligatoire : l'empalure en bois satisfera tout aussi bien, pendant un temps normal, aux exigences de ce système. L'effort supporté par l'empalure horizontale ne dépassera pas celui de l'ancienne empalure, étroite et verticale ; au contraire, il sera moindre et si, au lieu d'abaisser cette pale dans une mortaise de la sole gravière, on l'abaisse vers la prairie sur une charnière attachée au radier, l'exécution sera facilitée et les effets seront identiques.

L'eau sort donc par-dessus la pale horizontale, qui a sa hauteur et sa largeur fixées en raison des besoins de la prairie et de ceux de l'usine; elle se répand sans violence dans la rivière de tête. Voyons maintenant comment M. Mouchel a préparé le sol de la vallée pour recevoir tout le bénéfice possible de l'irrigation sans nuire à ses usines, dont les chutes sont d'ailleurs faibles et dont la puissance doit être ménagée.

M. Mouchel est le premier qui ait introduit dans nos contrées sur cette propriété de Bois-Thorel, à Navarre et à Tillières, le système des *marcites*. C'est, croyons-nous, un immense service qu'il a rendu au pays en mettant sous les yeux des personnes intelligentes cette magnifique et profitable amélioration, empruntée à la Lombardie, dans l'emploi des eaux au bénéfice de l'agriculture. Certes, nous n'espérons pas que ce système soit de suite adopté dans les limites du possible ; ce serait trop heureux pour notre société, qui ne se hâte pas si vite quand il s'agit de son bien-être et du progrès. Cependant les résultats parleront plus haut que les répugnances de l'apathie, et il faut espérer que les hommes d'action et d'intelligence, comme l'agriculture en compte sans contredit un bon nombre, verront les avantages de cette méthode et feront des efforts pour se les approprier.

Toutes les empalures de M. Mouchel, grandes et petites, sont en fonte et fer. Mais la plus grande économie a présidé à la confection de ces barrages. Ceux des déversoirs servant de tête à l'irrigation sont, il est vrai, faits avec élégance ; mais le métal n'y est point prodigué. Les lames sont minces, elles sont renforcées de nervures qui les consolident sans leur donner un grand poids ; quant aux petites vannes, ce sont tout bonnement de vieux débris de moules de rebut. Ils ont été appropriés à cette nouvelle destination et s'y prêtent admirablement. La fonte et le fer ne sont point d'ailleurs indispensables, et, nous l'avons dit, rien ne s'oppose à leur substituer le bois.

La vallée qui borde la Risle, depuis Aube jusqu'à Ré, présente une faible inclinaison ; les roues motrices des usines prennent l'eau en-dessous ou de côté ; les chutes ne dépassent guère un mètre, bien que les tronçons de rivière offrent une assez grande longueur. Ce peu d'inclinaison a dû favoriser M. Mouchel dans le vallonnement régulier de la prairie. Le sol, fût-il fort incliné, le travail n'en serait pas moins possible ; mais, au lieu de faire suivre aux rigoles d'arrosement le sens de la vallée, il faudrait, suivant la circonstance et en s'inspirant des accidents de terrain, *englaiser* les canaux. Nous en avons admiré un spécimen aux abords de la tréfilerie de Bois-Thorel, et ces sinuosités gracieuses de l'eau à travers une immense pelouse, dont l'inclinaison se trouve affaiblie par ce moyen, présentent un coup-d'œil ravissant.

Nous allons tâcher d'exposer techniquement les détails de ce système; nous nous aiderons des documents que M. Mouchel a bien voulu nous remettre à cet égard.

De même qu'il propose de le faire administrativement pour les vallées dont les intérêts seraient réunis en vue d'un arrosage commun, il a établi, en tête des magnifiques prairies qui, commençant au-dessus d'Aube, finissent aux abords de Ré, un vaste déversoir prenant l'eau à la surface sur une épaisseur de 33 centimètres en suivant le repère de sa première usine.

Ce déversoir alimente une rivière artificielle commandant tous les canaux d'arrosement et faisant les sinuosités nécessaires pour desservir le plus grand nombre de ces canaux. A chaque usine, un nouveau déversoir permet de continuer indéfiniment l'arrosement de la prairie.

Au-dessous de chacune des rivières latérales artificielles, le sol a été parfaitement nivelé de manière à former autant de vastes gradins que la pente totale à irriguer, au moyen de la prise d'eau, comporte de fois 22 centimètres.

Si, entre deux déversoirs d'irrigation, il y a 1,000 mètres de distance et que la pente totale soit de 1 mètre 10 centimètres, on devra diviser ce chiffre par 22 centimètres, ce qui donne cinq. Il faudra donc établir cinq plates-formes dans cette longueur de 1,000 mètres.

Il s'agira alors d'établir les marcites, ou planches d'irrigation ayant 14 mètres de largeur. Des rigoles de 44 centimètres de profondeur sont creusées à 7 mètres de la rivière de tête. Sur les bords de chacune de ces rigoles, on enlève une bande de terre de 22 centimètres d'épaisseur, au moyen de laquelle on opère le bombement de la planche ou marcite. On a soin de former sur l'arête de chacune d'elles, et dans le sens de l'inclinaison de la vallée, ou plutôt à angle droit sur la rivière d'arrosement, des rigoles de 22 centimètres de profondeur, communiquant avec cette rivière et lui empruntant l'eau qu'elles déversent sur les deux pentes de la planche à partir de la tête jusqu'à son extrémité.

Cette eau imbibe parfaitement le sol, qu'elle surmonte partout. Elle y arrive sans vitesse et y produit complètement tout son effet. Toute la surface de la plate-forme se trouve ainsi submergée au même moment et très-également : pas une goutte d'eau ne passe sans concourir utilement à l'irrigation, d'autant mieux qu'elle agit plus lentement sous l'influence de cette aire parfaitement nivelée.

L'eau s'en va ensuite dans la rigole d'écoulement et regagne la tête de la plate-forme inférieure, à laquelle le fossé d'égout de la première sert de canal de tête.

Chaque plate-forme, s'échelonnant en gradin jusqu'à l'usine inférieure, est disposée comme la première et reçoit, pour l'irriguer, l'égout de celle qui la précède.

Quand l'eau n'est pas très-abondante et que l'on veut répartir le volume dont on dispose sur toute la prairie ou, plus ou moins, sur telle ou telle partie, il faut que chaque rigole d'arrosement soit garnie d'une pale. Ces pales servent à régler l'introduction de l'eau et à en faire la répartition à volonté, suivant l'orifice laissé libre.

M. Mouchel nous a remis une notice *ex-professo* sur la matière ; il entre dans les plus grands détails, et l'on voit que son désir le plus ardent est de trouver des imitateurs. Il évalue le cube total remué en moyenne par hectare à 800 mètres cubes, c'est-à-dire une épaisseur de terre de huit centimètres sur toute l'étendue de la prairie.

Il évalue le mètre cube à 40 centimes, ce qui établit le coût du travail, pour un hectare, à 320 francs ; mais, si la pente devient sensible et qu'on veuille donner un grand développement aux marcites, les terrassements peuvent devenir énormes et les frais croissent en proportion.

Hâtons-nous de dire que la nécessité de ces longs et coûteux nivellements ne nous semble se justifier nullement ; mieux vaut avoir des ressauts plus nombreux et éviter des dépenses inutiles.

Tels sont en substance, Messieurs, les détails qui nous ont été fournis par M. Mouchel sur ses travaux admirables. Nous regrettons de ne pouvoir mettre sous vos yeux le plan qu'il a joint à ces documents : il eût peut-être donné plus de clarté à ce rapide coup-d'œil.

Tout en vous exposant la manière dont M. Mouchel a su se servir des eaux pour irriguer ses vastes prairies sans nuire à ses usines ; en parcourant ces dédales ingénieux, ces séries sans cesse renaissantes de rigoles, de vannes et de déversoirs, nous approchons du moulin d'Aube, où M. Mouchel fabrique ses immenses chaudrons en cuivre et ses casseroles de même métal ; le rappel que battent sans cesse de formidables marteaux nous sollicitent ; nous y entrons un moment.

A gauche sont les fours à recuire le métal ; à droite, les ateliers où les machines à contourner les bordures, à préparer le travail des marteaux au moyen de tours formidables, et surtout les huit martinets, frappant sans relâche, achèvent de donner au métal la forme régulière. On ne peut s'entendre dans ce tintamarre assourdissant; aussi, nous hâtons-nous de regagner la lumière en traversant des monceaux de chaudrons et de casseroles sortant du décapage et brillants comme de l'or.

Nous avons admiré la roue motrice de cet établissement : elle prend l'eau à peine au quart, et par sa précision, sa forme bien combinée, elle acquiert une force que ne pouvait guère promettre la faible chute de cette usine.

De là, le regard plonge sous les grands arbres et aperçoit toutes les merveilles de cette vallée féerique : à droite, le Castel-Pont, charmante construction qui tire son nom du pont sur lequel s'arrêta le Président de la République dans son voyage du 12 septembre 1850; plus loin, la forge d'Aube; à gauche, au fond, la tréfilerie de Bois-Thorel, et sur la colline, au milieu des massifs de verdure, le manoir jadis habité par le père de M. Mouchel et presqu'entièrement reconstruit par ce dernier dans le genre anglais.

Vous nous permettrez, Messieurs, de ce banc dominant le coteau sur lequel est situé le manoir, de jeter un dernier regard sur ces belles prairies qui se développent à l'infini; ce banc, d'ailleurs, nous tient un langage irrésistible :

> Cet horizon, passant, doit te charmer les yeux :
> Au midi, pour t'asseoir, tu ne peux trouver mieux.

En effet, c'est le plus charmant sujet de paysage que nous connaissions dans ce genre. La vue y est magnifique :

à droite, Bois-Thorel s'ombrageant sous le gigantesque chêne portant en sautoir l'inscription de la naissance du fondateur de l'usine, le grand-père de M. Mouchel, né le 21 juin 1723 ; à droite, dans le lointain, le petit clocher de Beaufai ; sur le second plan, le village d'Aube, ses deux usines, le pont du Président, le Castel qui lui a emprunté son nom ; et surtout les innombrables arabesques d'argent et de verdure émaillant la prairie, font de cette vallée un lieu délicieux, quand elle est animée d'un chaud rayon de soleil.

Arrêtons-nous, d'ailleurs, pour jeter à notre aise, de tous côtés, la vue sur ces charmantes plantations de sapins argentés, qui dressent leurs fines aiguilles au milieu des feuilles colorées du Bocage. M. Mouchel n'a jamais voulu que le frivole eût le premier pas dans les embellissements dont il dotait si libéralement sa propriété de Bois-Thorel. Les plantations ont eu les honneurs : elles sont répandues partout, soignées avec une attention toute paternelle ; puis viennent les travaux d'art, qui certes ne cèdent point en solidité à ceux des grandes administrations ; ensuite, l'agriculture en ce qu'elle a trait aux prairies, et l'on vient de voir comment elle a été traitée ; enfin, l'industrie se révélant partout, en face, devant, derrière, par le bruit de ses marteaux, la fumée de ses immenses cheminées, l'échappement de la vapeur,

Tout, dans ce lieu, porte les traces de l'activité humaine.

Nous n'irons pas chercher, au milieu des bois et des terres de ce domaine immense, toutes les améliorations consommées par cet infatigable et habile propriétaire ; nous n'en finirions jamais et nous ne pourrions que nous répéter. Permettez-nous seulement, Messieurs, de vous dire combien nous avons été enchantés de tout ce que nous avons vu sur ce domaine, des utiles enseignements que nous y avons puisés pour nous-même, et de signaler à votre attention toutes ces merveilles qui sont le fruit de l'énergie et de l'intelligence de M. Mouchel, l'homme dont l'activité est proverbiale dans le pays de L'Aigle, et dont le but constant a été de faire servir les qualités et la fortune dont il est doué au plus grand bien de l'humanité et au développement du progrès agricole et industriel.

27e. VISITE AGRICOLE.

M. Paul BOURGET. — FERME DE LA CORNILLÈRE,

PRÈS L'AIGLE.

La ferme de la Cornillère, cultivée par M. Paul Bourget, qui en est propriétaire, est située aux abords de L'Aigle vers le sud-est; elle est assise sur un mamelon très-peu saillant et argilo-siliceux. En plusieurs endroits, surtout vers le midi, un roc qui arrête l'eau et rend le sol imperméable en forme le sous-sol. Dans la partie méridionale, ce roc s'enfonce assez sous la terre arable pour ne pas offrir les mêmes inconvénients.

Somme toute, cette propriété a besoin d'améliorations et surtout d'assainissements. Aussi M. Bourget a-t-il entrepris de la drainer tout entière. Cette opération, conduite par M. Houdellierre, a déjà obtenu des résultats qui en garantissent le succès.

Les drains sont espacés de 12 mètres; ils ont 1 m. 15 de profondeur en moyenne et coûtent 0 fr. 40 le mètre courant, eu égard aux difficultés du sol.

Dix hectares de différentes terres ont déjà reçu cette amélioration, et M. Bourget désire que toute la propriété soit drainée le plus promptement possible.

Ce qui a le plus attiré notre attention, c'est le soin pris par le propriétaire de doter cette ferme de bâtiments modèles, faits avec une entente parfaite de leur destination, une régularité et une solidité qui ne se rencontrent que bien rarement dans la construction des fermes.

M. Bourgeois, architecte à L'Aigle, a voulu par le cachet donné à la maison et aux autres parties de la ferme, par le choix des matériaux et les soins de construction, prouver qu'avec une augmentation de dépense relativement peu importante, il était possible d'obtenir un grand progrès et de ne pas proscrire *l'agréable* en construisant un bâtiment *utile* aux travaux des champs.

Tout le monde sait que la bonne disposition des constructions d'une ferme neuve doit rendre de grands services au cultivateur qui l'occupera : habitation agréable et saine, économie de main-d'œuvre et de démarches, surveillance prompte et facile, conservation des graines, des pailles, des fourrages, des céréales, suppression des épizooties et des accidents trop nombreux dans des bâtiments étroits et mal conçus ; telle est la liste incomplète encore des avantages d'une construction modèle.

Nous nous plaisons à le dire, M. Bourget a réuni tous ces avantages dans la construction nouvelle qu'il a élevée à la Cornillère.

Rien n'a été oublié, dans le but de faciliter le service et d'éviter les inconvénients ordinaires des bâtiments ruraux.

L'habitation du cultivateur est au centre, c'est une très-belle maison de ferme. Elle offrira toutes les commodités désirables et permettra au cultivateur de voir, sans sortir, tout ce qui se passe à l'entrée de ses principaux bâtiments.

A gauche est l'écurie aux chevaux et le bûcher; à droite, se trouve la bergerie à laquelle nous reviendrons.

Puis, en retour et formant deux superbes corps de bâtiments, on trouve à gauche le pressoir, la cave, la vacherie et les remises; à droite, sont de magnifiques granges pour les céréales de mars et d'automne.

Enfin, à l'écart vers le nord, sont reléguées les porcheries.

Cette disposition nous a semblé heureuse: elle ménage tout à la fois la salubrité et la facilité du service; en cas d'incendie, elle présente encore un avantage : pour sauver la ferme, il ne serait point obligatoire de faire la part du feu, comme dans une construction d'un seul tenant.

Nous ne voulons pas terminer cet examen sans mentionner la beauté des bergeries. Elles peuvent contenir à l'aise 200 moutons. Rien n'a été épargné pour les rendre saines, commodes et agréables à l'œil.

Elles se divisent en 4 compartiments qui communiquent chacun avec le dehors par deux portes. Au centre, quatre portes permettent à volonté de faire passer les moutons d'un compartiment dans l'autre. Les râteliers et les mangeoires sont faits avec un soin extrême et sont adossés aux cloisons intérieures qui ne s'élèvent qu'à hauteur d'appui et permettent au berger de surveiller à la fois toute la bergerie, et à l'air de circuler librement partout.

Le toit dépasse les murs de cette bergerie et, en construisant un parc autour du bâtiment, les moutons pour-

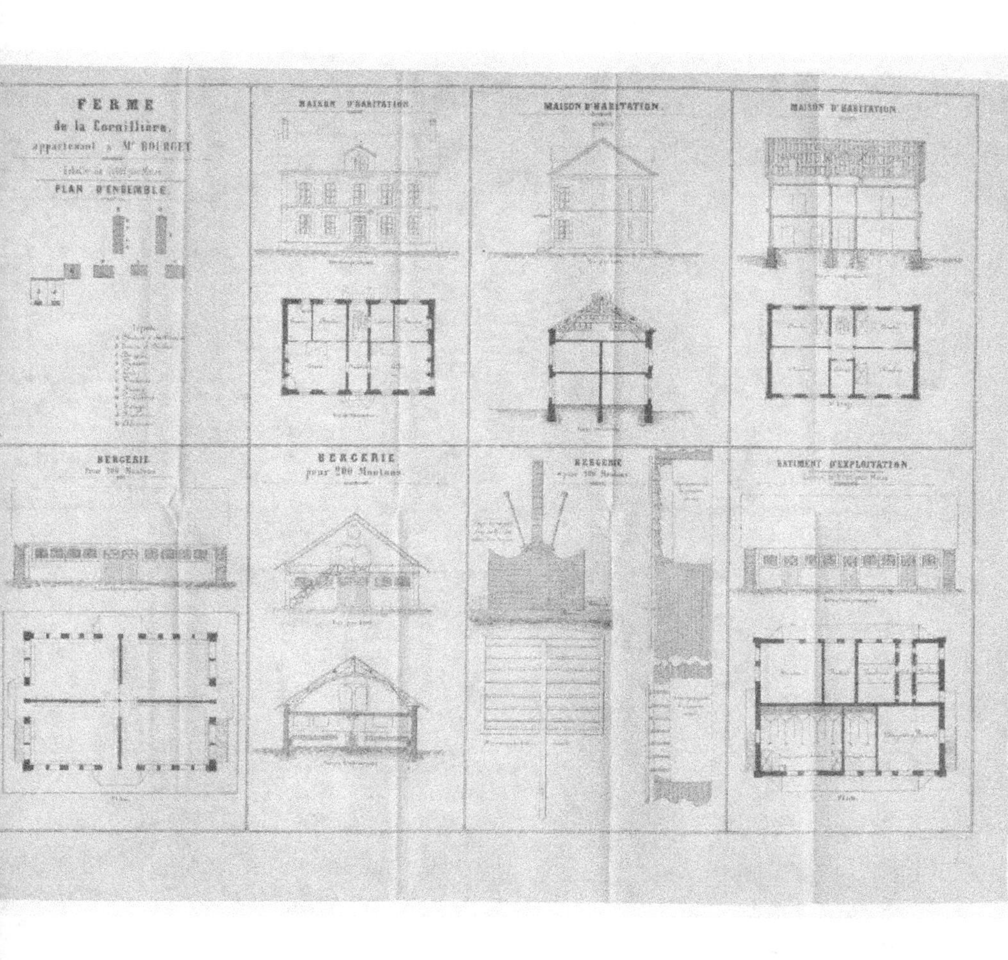
FERME
de la Cornillière,
appartenant à M. BOURGET
PLAN D'ENSEMBLE
MAISON D'HABITATION
MAISON D'HABITATION
MAISON D'HABITATION
BERGERIE
pour 200 Moutons
BERGERIE
pour 200 Moutons
BERGERIE
pour 200 Moutons
BÂTIMENT D'EXPLOITATION

raient prendre l'air sans avoir à souffrir des intempéries de la saison.

D'admirables greniers à fourrages et à grains recouvrent cette bergerie modèle ; deux escaliers les desservent et les bergeries sont tellement bien aérées qu'aucune odeur ne traverse les plafonds.

Nous n'en finirions pas, Messieurs, si nous devions aborder, dans leurs détails soignés, ces belles constructions rurales : rien n'y a été épargné de ce qui peut accroître la durée, fournir des avantages, éviter des inconvénients et satisfaire à la destination qu'on leur a donnée.

M. Bourget a eu la complaisance de demander à M. Bourgeois, son architecte, une réduction de ses plans et coupes ; nous sommes heureux de pouvoir les joindre à cette courte et incomplète description.

Ces dessins feront mieux comprendre la distribution intérieure, l'aspect des bâtiments et les avantages de cette magnifique construction rurale ; ils sont assez précis pour être utiles aux personnes qui désireraient en faire leur profit.

28ᵉ. VISITE (SYLVICULTURE).

M. TROUSSEL. — BOIS DE BUBERTRÉ.

COMMUNE DE BUBERTRÉ, CANTON DE TOUROUVRE.

C'est pour la seconde fois que nous vous demanderons de vouloir bien arrêter avec nous votre attention sur des améliorations sylvicoles. Déjà nous vous avons montré les succès de M. Mouchel, tout en vous parlant de ses

merveilleuses irrigations. Aujourd'hui nous n'aurons à
constater que des améliorations pleinement et purement
forestières.

Le sol, qui a été le théâtre de travaux considérables
entrepris par M. Troussel, est remarquable, Messieurs,
mais par sa maigreur et sa stérilité. Sur le plateau qui
couronne la côte, où Bubertré montre en face d'un immense horizon son modeste clocher, se trouve la propriété de M. Troussel; elle se compose de 150 hectares
environ et s'étend en longeant la route de Tourouvre à
Moulins.

Le silex et l'argile accaparent cette terre qui, ne pouvant se débarrasser de l'humidité, présente l'aspect le
plus stérile et semble rebelle à toute amélioration.

M. Troussel est propriétaire de cette partie de bois
depuis dix-huit ans. Au moment où il en fit l'acquisition,
elle était complètement nue, et le désir seul de lutter
contre la résistance du sol, de triompher de son infertilité,
de faire surgir en un mot, du désert, une production
d'autant plus précieuse qu'elle semblait inespérée, telle
dut être la pensée de M. Troussel en achetant cette propriété. Appuyé sur une volonté constante, soutenue par
le savoir et le capital, le propriétaire s'est mis hardiment à la besogne.

Aucun chemin ne sillonnait cette vaste étendue et ne
permettait le transport au dedans comme au dehors; ce
fut le premier soin du propriétaire.

De vastes et belles lignes accusèrent les larges divisions
projetées et donnèrent, pour l'avenir, la mesure des travaux
annuels qui allaient engloutir sur cette pauvre terre de
riches sommes destinées à la faire ce qu'elle est aujour-
d'hui, c'est-à-dire une partie de bois d'autant plus re-

marquable, qu'elle est un produit tout artificiel et dû à la courageuse persistance du sylviculteur. M. Troussel n'a pas, en effet, reculé devant les embarras, les dépenses et les travaux; aussi, le succès est venu le récompenser de ses peines, et, sous tous les rapports, cette partie de forêt s'offre pleine d'avenir aux regards étonnés des personnes qui l'ont vue autrefois désolée, et l'admirent maintenant qu'elle s'est transformée.

Votre Commission, Messieurs, a considéré cette amélioration sous un point de vue bien autrement important: de l'aveu des habitants du pays, cette portion de forêt, après sa dénudation de haute futaie, n'était plus qu'un sol marécageux, plein d'eaux rouges croupissantes. A la place de ces eaux stagnantes, sources de maladies dans la contrée, se trouve aujourd'hui un sol sain et presque toujours sec; les eaux sont tirées par des saignées et des fossés d'irrigation parfaitement entendus; de sorte que, même dans les temps pluvieux d'hiver, les eaux peuvent s'écouler immédiatement sans croupir nulle part.

C'est ainsi, Messieurs, que d'une chose faite en vue du bien peuvent découler de nombreux avantages; malgré les obstacles matériels qu'il avait à vaincre (on connaît, en effet, les lois d'alternance des essences forestières), M. Troussel a pu créer un taillis superbe où le chêne domine sur le sol même qui portait une futaie de chênes! En même temps qu'il a su raviver les forces épuisées et paralysées de cette partie de forêt, en même temps il faisait disparaître les ferments putrides qui désolaient le pays de terribles maladies, comme si le sol abandonné cherchait à tirer vengeance de l'apathie humaine et du mépris dont il est l'objet de notre part!

En 1843, époque à laquelle M. Troussel fit l'acquisition

de cette propriété, la moitié au moins ne donnait que de
la bruyère ; le reste, encore garni de grands arbres re-
tenus par ses vendeurs, devait aussi devenir à peu près
sans valeur ; c'est dans ces conditions que M. Troussel,
ayant payé cher ce morceau improductif, conçut la ferme
résolution de travailler pour l'avenir et de tirer avantage
de cette acquisition faite pour sa convenance, de manière à ne se laisser, sous ce rapport, aucun regret.

Il commença donc par tracer les grandes artères qui
devaient donner accès au cœur du bois, dans les parties
les plus éloignées et les plus difficiles à exploiter. Cette
division étant faite à larges traits, il subdivisa le tout en
dix-huit parties ou coupes, et c'est dans ce cadre qu'il
fit commencer et poursuivre ses travaux d'assainissement,
d'amélioration et de plantation.

Ces coupes nombreuses sont toutes séparées par des
fossés profonds qui, outre leur destination de bornage,
facilitent grandement le desséchement du sol en fournissant aux fossés d'assainissement proprement dits, des dé-
charges rapprochées, spacieuses et profondes. Elles ont
d'ailleurs aidé le travail annuel en le circonscrivant, et,
ces précautions étant prises, l'amélioration projetée et
poursuivie par M. Troussel a été couronnée du plus brillant succès.

Ainsi que nous avons eu l'honneur de vous l'exposer en
vous entretenant des travaux dans le genre de M. Hurel-
Masson, la plantation, dans de pareils terrains, n'est possible et profitable qu'en l'exécutant sur douve, soit en
repliant le sol du fossé sur une étroite bande de terre,
circonscrite elle-même par un nouveau fossé et ainsi de
suite. La jeune plante, placée dans ces conditions,
trouve un avantage marqué ; elle peut développer ses

racines à l'abri de l'eau stagnante ; elle rencontre plus de profondeur dans le sol, qui est exhaussé de la terre provenant du fossé ; le passage de l'air et l'action de la chaleur y sont également favorisés. Les terres les plus rebelles, traitées de la sorte, cèdent aux efforts du sylviculteur, et cette plantation, dont l'effet se traduit par une amélioration notable du terrain, le desséchement et l'aération du sol, bien que la plus coûteuse, est la seule profitable ; aussi, M. Troussel l'a-t-il suivie régulièrement, et nous pouvons vous assurer, Messieurs, qu'il s'en est admirablement trouvé.

Les travaux ont coûté environ trente-cinq mille francs ; mais, s'il fallait vendre ces bois maintenant, le prix en serait plus que doublé ; la dépense a donc été productive.

Les obstacles étaient nombreux et difficiles, nous pouvons dire qu'ils ont été partout franchis. Les bois de M. Troussel sont maintenant admirables et dignes des meilleurs fonds, et c'est avec une grande satisfaction que nous venons vous rendre compte du succès de cette belle entreprise.

Le sol a été enrichi, la loi d'alternance ligneuse a été vaincue, le chêne succède au chêne ; un fonds improductif, il y a vingt ans, donne maintenant des revenus certains qui croîtront avec le temps ; la contrée a été débarrassée de miasmes délétères, le sol est assaini ; à l'aspect désolé succède un coup-d'œil magnifique : le changement est immense, et nous sommes heureux de vous le dire, Messieurs, rarement une bonne action, une entreprise hardie, reçoivent plus belle récompense.

29°. VISITE AGRICOLE.

M. VIVIEN, PROPRIÉTAIRE. — FERME DE HAL-BOUDET,
PRÈS DE L'AIGLE.

Votre Commission savait combien un de nos collègues, M. Vivien, notaire à L'Aigle, mettait de soins dans la culture de sa ferme du Hal-Boudet, sise aux environs de la ville. Triomphant de la modestie de notre collègue, nous avons obtenu la faveur de voir sur les lieux ses améliorations et le résultat de son intelligente direction.

Permettez-nous donc de vous présenter dans tous ses détails l'examen des bâtiments, des cours et instruments du Hal-Boudet.

Les cours sont vastes et entourent de toutes parts les bâtiments d'exploitation. Partout le soin se révèle dans leur tenue ; les clôtures sont parfaites et une charmante plantation fruitière, en quinconce régulier, ajoute un grand prix au sol et présente un fort beau coup-d'œil.

Là, tout est fait avec une attentive précaution : des lices solides divisent les cours et forment un vaste chemin pour conduire le bétail à la mare. Les jeunes arbres, tous de premier choix, sont totalement protégés par une garniture qui empêche les bestiaux de leur porter atteinte. M. Vivien ne greffe ses arbres qu'après en avoir obtenu quelques fruits ; et, si l'espèce est bonne, il préfère ne pas infliger à ses jeunes plants cette affreuse mutilation qu'on nomme le greffage.

Une retenue d'eau pluviale est établie dans l'endroit le plus élevé des cours ; elle reçoit l'eau de la plaine supérieure et, au moyen d'un fossé peu profond tracé selon le niveau du terrain des cours, elle leur envoie son trop plein qui vivifie l'herbe et en accroît le développement.

Cette retenue, d'ailleurs, sert d'abreuvoir pour le bétail.

Les bâtiments figurent un parallélogramme ouvert au midi. Deux ailes plus longues forment les côtés; au nord est la maison d'exploitation, de chaque côté de laquelle et séparément, sont deux autres bâtiments plus petits servant à divers usages.

La tenue la plus éminemment soigneuse se rencontre dans ces bâtiments. Nous nous occuperons surtout de ceux qui forment le logement du bétail et sont en regard de la forme engrais.

L'écurie aux juments que nous visitons la première s'ouvre au sud-ouest; elle est, comme toutes les autres, parfaitement aérée. A droite, sur des planches bien disposées, sont rangés avec ordre les harnais des chevaux; puis se présente un carré central garni de trois portes, dont chacune, en s'ouvrant, ferme celle qui en est voisine. Elles donnent accès à trois boxes, de diverses grandeurs, qui sont bien conçus pour l'élève des jeunes poulains. Ce bâtiment, avec ses divisions, peut contenir sept juments.

L'étable aux vaches est munie de séparations divisant le râtelier et la crèche. Ces séparations s'avancent d'environ 1 mètre dans le bâtiment; elles permettent de donner des rations de diverses natures à chacun des bestiaux de l'étable, sans que son voisin s'en aperçoive ou puisse en profiter. Les vaches prennent ainsi leur repas bien plus tranquillement et, par suite, bien plus fructueusement.

Les purins de ces deux bâtiments se rendent à la

citerne qui est en face et, par une disposition ingénieuse, passent entre des briques non jointoyées, sans laisser trace de canal d'écoulement sous les pieds du bétail.

Les bergeries partagent les avantages des creux ci-dessus, au point de vue de l'heureuse distribution et de l'aération. Nous dirons ci-après un mot de la belle race qui l'habite. Cette race, formée à la Charmoise par les soins de M. Malingié, ne se voit dans l'arrondissement que chez M. Vivien ; et, sous le rapport des formes, de la rusticité du troupeau et de la qualité de la chair, elle est remarquable.

En face, s'étend un vaste terrain protégé d'un mur sur le devant : dans un bout est la forme-engrais ; dans l'autre, des tas de matières destinées à être réduites en terreaux animalisés. Au milieu est la fosse à purin, contenant 120 hectolitres, surmontée d'une pompe élevée qui déverse à droite ou à gauche, à volonté, le purin sur la motte ou sur le terreau. Pour le moment, le terreau en confection est un énorme tas de joncs marins qui, de 3 mètres de hauteur, est déjà descendu à 1 mètre. Il sera haché et arrosé jusqu'à parfaite homogénéité.

D'autres dépôts de terreau témoignent du soin qu'a le maître, de ne rien négliger pour l'amendement du sol. Un de ces dépôts, composé de marc, de terre et de chaux, a déjà été remué une fois.

Donnons un rapide coup-d'œil sur les instruments aratoires de cette exploitation modèle. Le choix le plus pratique a présidé à leur acquisition. Houe à cheval, cultivateur Malingié, herse à haie du pays, herses Valcourt, charrues Dombasle, etc., tout est soigneusement rangé dans les remises ; nous avons surtout remarqué le scarificateur Cornu du Hamel, instrument tout en fer, très-solide, bien combiné et du prix de 120 fr.

Sortis dans la campagne, il nous a été facile de nous rendre compte des résultats de la culture soigneuse de M. Vivien. Sur ses terres, les récoltes sont partout supérieures à celles de ses voisins; il attribue ce résultat à son assolement; mais il ne nous semble pas inutile d'ajouter qu'il le doit aussi aux soins qu'il apporte sans cesse à cette charmante exploitation.

L'écartement des sillons, pour sa culture sarclée, est calculé sur celui des roues des véhicules qui charrient les engrais, etc. Les trains roulants de la ferme peuvent passer dans cette culture sans que rien soit endommagé par les roues et le cheval.

L'écartement est, à cet effet, de 81 centimètres entre chaque plantation en lignes. Cette disposition ingénieuse nous a semblé de nature à mériter votre attention et celle des praticiens soigneux et prévoyants.

Il est inutile de dire que la terre est bien fumée, bien marnée et très-propre. Nous allons maintenant jeter un coup-d'œil sur l'assolement de notre collègue.

Depuis neuf ans que M. Vivien fait valoir, il a nivelé ses terres, il les a marnées, il en a drainé environ 6 hectares, et il a supprimé les anciens billons de 6 raies pour les remplacer par des planches toutes plates dont la largeur est généralement de 5 mètres pour les céréales; le sol est tout à plat pour les récoltes sarclées et les fourrages.

M. Vivien va coucher en prairie permanente, cette année, ses deux plus mauvaises pièces de terre en y semant des graines de choix.

Son bétail remarquable est ainsi composé : 3 juments et une pouliche d'un an, le tout né chez lui de juments percheronnes et de chevaux anglo-normands; 3 vaches à lait, 2 génisses pleines, 1 veau qu'il élève;

Un troupeau de 100 bêtes, brebis et agnelles adultes; les béliers et un tiers environ du troupeau sont de la race de la Charmoise; les deux autres tiers sont des croisements de béliers de la Charmoise avec des brebis métis-mérinos; ces croisements sont au 2ᵉ. ou au 3ᵉ. degré, en sorte que le troupeau entier va très-prochainement être de race pure de la Charmoise.

Cette race est éminemment propre à la production de la viande; elle s'accommode de tous les fourrages; elle est très-rustique et d'une facilité d'amendement remarquable; M. Vivien en est très-satisfait et la préfère de beaucoup aux métis-mérinos, quoique ces derniers donnent un peu plus de laine.

Avant M. Vivien, la ferme du Hal-Boudet était cultivée en 3 soles : jachère, blé, avoine; le produit était, en moyenne, de 300 gerbes de blé à l'hectare et d'environ 100 gerbes d'avoine.

Aujourd'hui le blé rapporte de 6 à 700 gerbes, et l'avoine de 4 à 500 gerbes et même plus par hectare.

En résumé, sur 32 hectares :

8 sont en prairies permanentes.	8 h.	»
En luzerne.	4	»
En racines, vesce, pois, etc.	3	33
En trèfle.	3	33
Fourrages de deuxième récolte, sur la sixième sole (récoltés sur la jachère). . .	3	34
En blé et seigle.	3	35
En avoine (toute dépensée sur la ferme, quatrième et sixième soles).	6	65
TOTAL.	32 h.	»

M. Vivien, en propriétaire soigneux, a choisi cet assolement de 6 ans, dont le but est l'amélioration progressive du fonds. Cet assolement, selon lui, donne au sol plus d'engrais qu'il ne lui en enlève.

Nous terminerons donc, Messieurs, en transcrivant ici la note que M. Vivien a bien voulu nous communiquer à cet égard.

ASSOLEMENT DU HAL-BOUDET.

Cour-pâture, bien plantée.	6 h.
Pré de rivière.	2
Total de l'herbe. . .	8
Terre de labour, silico-argileuse. . . .	24
Contenance totale. . .	32 h.

ASSOLEMENT DE 6 ANS.

Première sole.

Jachère d'été seulement, la terre ayant porté au printemps des vesces d'hiver, du trèfle incarnat et de la minette ; le tout pour fourrages.

Deuxième sole.

Blé avec une fumure moyenne.

M. Vivien a remarqué que les blés sur trèfle manquent assez souvent. Il pense que les trèfles ne sont pas tout-à-fait assez beaux dans la contrée, qui est froide et humide, pour être suivis d'un très-beau blé et que l'avoine, s'accommodant mieux de cet état de choses, y peut donner de magnifiques résultats. Il nous affirme, de plus, que les limaces grises dévorent fréquemment, à l'automne, le blé semé sur trèfle.

Troisième sole, fortement fumée.

1°. Sur les terres à blé : plantes sarclées, telles que

betteraves, pommes de terre, carottes, navets et haricots ; le tout semé en lignes espacées de 81 centimètres.

Le fumier est répandu dans des raies profondes et recouvert à la charrue ; les carottes et betteraves sont semées au cordeau et à la main sur les raies fumées.

Les binages et sarclages nécessaires ne sont pas épargnés pour arriver à bien nettoyer le sol.

Les récoltes de plantes sarclées s'annoncent bien.

2°. Sur les terres moins fortes et mélangées d'une grande quantité de silex, M. Vivien sème des pois fumés, récoltés pour fourrage, tant verts que desséchés.

Quatrième sole.

Avoine, dans laquelle est semé du trèfle.

Cinquième sole.

Trèfle, deux coupes fauchées et un regain pâturé.

Sixième sole.

Avoine encore, et en partie blé sur trèfle bien réussi, en terre la plus propre.

Puis, semence de trèfle incarnat, vesces d'hiver et minette ; le tout, sans fumier, est destiné à faire partie au printemps des récoltes fourragères.

En outre de cet assolement, 4 hectares de luzerne.

M. Vivien cultive en tout 32 hectares de terre.

Il nourrit :

	Têtes de gros bétail.
3 juments.	3
1 pouliche d'un an.	1
3 vaches.	3
2 génisses.	1
1 veau.	0,25
100 moutons.	14,75
110 Animaux.	23, » Têtes de gros bétail.

M. Vivien entretient, par chaque hectare, 0,71 de tête de gros bétail sur son exploitation.

30ᵉ. VISITE.

M. HUREL-MASSON.—BOIS D'APRES ET BOIS-HEUX,
PRÈS DE NOTRE-DAME-D'APRES ET DE L'AIGLE.

SYLVICULTURE.

Un de nos collègues, M. Hurel-Masson, chevalier de la Légion-d'Honneur, ancien président du tribunal de Commerce de L'Aigle, a poursuivi pendant sa vie des travaux grandioses d'agriculture et principalement de sylviculture. Ces derniers surtout, à cause de leur importance et des résultats obtenus, devaient être mis sous vos yeux. Dans ce but, nous avons cru devoir nous former en sous-commission et vous communiquer le résultat de notre examen.

Nous aurons à vous présenter à larges traits les efforts tenaces et considérables faits par M. Hurel, pour atteindre un but que seuls l'intérêt général et une passion innée pouvaient encourager et soutenir.

Il ne s'agit point, en effet, d'un travail dont la rémunération dût, à un moment rapproché, indemniser l'auteur de ses embarras, de ses travaux, de ses dépenses ; loin de là, tout devait se résumer pour lui dans la satisfaction d'une passion long-temps onéreuse : je veux dire le reboisement des sols incultes et stériles et la conquête pour la société d'un terrain jusque-là frappé de stérilité.

Cet obstacle, si grand, n'en était cependant point un

suffisant pour M. Hurel-Masson : malgré ses occupations de négociant et de magistrat, ne tenant compte que de ses aspirations et de sa volonté persévérante, il se lança de bonne heure dans la double amélioration agricole et forestière.

Nous ne parlerons que de cette dernière, en raison justement de ce qu'elle se rencontre moins fréquemment de par le monde, et qu'elle peut être donnée aux riches propriétaires, aux capitalistes, comme un noble enseignement.

OEuvre éminemment patriotique, la sylviculture prépare la fortune de l'avenir ; elle laisse au présent la peine, le travail et les sacrifices. Les hommes qu'anime ce feu sacré doivent donc recevoir de leurs concitoyens, pour ce fait trop rare, une marque de témoignage sympathique. Nous avons pensé qu'une œuvre semblable devait être signalée à l'Association normande, dont la mission est de rechercher et d'encourager les entreprises agricoles et industrielles empreintes de ce cachet d'utilité incontestable, et présentant un remarquable exemple pour ceux qui, riches d'ailleurs, seraient désireux de jalonner ainsi le chemin de la fortune pour leur famille et leur pays.

Le 9 juin, votre Commission se transporta au milieu des bois d'Apres, situés à côté de la forêt du Perche entre les communes de Randonnay, Brézolettes, les Genettes et Notre-Dame-d'Apres. Cette partie du pays est extrêmement élevée et tout-à-fait improductive. Le travail seul peut triompher de l'inertie du sol, et c'est dans ce terrain d'argile plastique, que les travaux immenses de M. Hurel-Masson furent commencés sur une étendue de 150 hectares. Quelques chétives sepées occupaient, de loin en loin, cette terre où trônait la bruyère en maîtresse absolue.

Mais les choses devaient bientôt changer : M. Hurel, recherchant avec soin les ondulations de la surface, commença par tracer de grands fossés d'écoulement, afin de pouvoir effectuer des travaux ultérieurs de plantation.

Loin de se borner à un défrichement ordinaire et à tenter un reboisement qui n'eût produit que des frais infructueux, il fit écobuer et mettre le sol en sillons rapprochés et, sur chacun des versants, il plaça son plant hors de l'atteinte destructive de l'humidité et dans les meilleures conditions de prospérité que ce sol ingrat pouvait lui permettre.

Les résultats, bien que lents, se révélèrent à son attention : les jeunes pousses sortirent de la couche végétale, ainsi améliorée et doublée ; le premier succès était obtenu.

Je ne vous dirai pas, Messieurs, tous les soins, tous les labeurs, toutes les impatiences de M. Hurel : celui qui a conçu un dessein et en voit poindre l'exécution, se rendra compte des sentiments qui animèrent le sylviculteur, dans cette longue lutte contre le sol et surtout contre les lenteurs de la nature et du temps.

Constant dans ses affections, comme il nous le disait lui-même, M. Hurel sut attendre et persévérer. Il fit bien, Messieurs ; car, s'il a semé des trésors dans ces terres stériles, s'il y a dépensé en partie la plus active portion de sa vie, il en est amplement récompensé en jouissances de toute sorte à chacune de ses visites dans ces bois magnifiques, aussi beaux maintenant qu'ils étaient tristes, aussi riches qu'ils étaient désolés.

Le cœur se sent haut quand, après avoir amassé après soi une œuvre si belle, on a tout le temps de s'en réjouir, de la savourer à longs traits.

Je ne parle pas de cet autre sentiment qui n'est point défendu à l'homme, le légitime orgueil d'avoir fait pour les siens et son pays ce que peu de personnes osent entreprendre, quelque grande que soit leur fortune ; car l'égoïsme arrête la main qui sème des chênes, il lui montre la Bourse, ses profits peu sûrs, peu délicats, mais énormes et rapides.

La récompense la plus certaine du sylviculteur, c'est cet orgueil légitime que rien ne peut contester. Tout est oublié du passé plein d'ennuis, de fatigues, de découragements ; le succès grandit chaque jour et, en voyant croître son œuvre sur un terrain déshérité, sa conscience lui dit combien cette œuvre est belle ; d'autres l'ont devinée, mais ils n'ont pas, comme lui, acquis ce droit peu commun de dire à tous : Voilà ce que j'ai fait.

Aussi, combien il est beau ce bois impénétrable, sorti du néant : de longues et belles allées le sillonnent en tous sens et se cachent sous ses branches ombreuses ; toutes les essences à feuilles caduques se mêlent aux feuillages toujours verts des espèces résineuses les plus variées ; les aiguilles s'élèvent droites et vigoureuses ; la végétation s'est emparée de cette terre morte que la volonté de l'homme a ressuscitée.

Nous ne pouvons vous faire voir en détail cette œuvre admirable de plantation : là, les faits particuliers se fondent dans la masse. Depuis longues années, l'entreprise est commencée ; une phase seule a pu la marquer et nous devons vous la faire connaître :

Lors de la République, comme dans toutes les révolutions qui tardent à se dessiner, le malaise était devenu général en raison de causes qui ne doivent point nous occuper ici. Les ouvriers étaient sans ouvrage et vous le savez, Messieurs, la faim est une mauvaise conseillère. Alors M. Hurel donna une impulsion plus forte à ses travaux de plantation; il occupa un plus grand nombre de bras et tout à la fois il satisfit à deux grands devoirs : soutenir honorablement l'indigence et faire acte de bon citoyen.

Nous quitterons ces beaux bois d'Apres pour voir un autre théâtre, où M. Hurel va dérouler sous nos yeux tous les secrets de son art : je veux parler de sa magnifique propriété du Bois-Heux, dont nous ne verrons que la partie forestière pour ne pas sortir de notre cercle.

A peu de distance de la ville de L'Aigle, vers l'est, M. Hurel possède une grande métairie qu'il a dès l'abord améliorée d'une façon remarquable. Le potager est vaste, il est entouré de douves formidables, pleines d'eau ; c'est l'emplacement d'une antique forteresse. Entouré de murs garnis d'espaliers vigoureux et chargés de fruits, ce jardin a le meilleur coup-d'œil ; les allées sont sablées, ratissées, tout est en ordre. On cherche les légumes superbes que font pressentir tous ces soins..... la déception est des plus complètes : les plantes, sous leur verdure luxuriante, vous offrent bien des variétés, mais toutes propres à régénérer les bois et non à garnir la table. Partout on ne voit que pépinières de sapins de toutes sortes et de toutes grandeurs.

C'est l'arsenal inépuisable qui a permis de prendre à l'assaut, et les broussailles du bois d'Apres et les bruyères du Bois-Heux.

Tout à côté de ce jardin d'une nouvelle espèce est une

sapaie régénérée par M. Hurel. Pas un vide qui ne laisse voir les jeunes aiguilles du plant nouveau, pas une clairière qui ne montre avec orgueil des épiceas, mélèzes et pins de toute espèce, vigoureux, pleins d'avenir.

Ce terrain est extrêmement mauvais; une bourrasque s'était chargée de nous faire voir son peu de profondeur en culbutant plusieurs vieux sapins dont les racines, formant réseau à la surface, avaient redressé une table de gravier sans épaisseur, reposant sur l'argile imperméable. C'est pourtant dans ce terrain sans valeur que de si beaux produits s'élèvent pour l'avenir! Combien est grande l'amélioration qui crée, dans de telles circonstances, une futaie qui, une fois parvenue, ne doit plus baisser de valeur que par l'inexpérience et la cupidité du propriétaire!

Vous le saurez, Messieurs, les sapaies bien exploitées ne doivent jamais s'épuiser. Contrairement au grand principe forestier de l'alternance forcée des essences, le sapin se perpétue dans le sol qu'il recouvre, et c'est pour lui un privilège unique.

Un de nos collègues nous a donné un renseignement qui nous a paru précieux, et nous nous empressons de vous le signaler comme extrêmement utile pour l'appréciation des sapaies au point de vue du revenu annuel.

Une sapaie d'excellente qualité, contenant 4 hectares, avait été exploitée à coupe blanche il y a 40 ans; elle fut estimée, dans cet état, à 8,000 fr. On fut 16 ans sans y rien prendre. Mais, depuis ce moment jusqu'à ce jour, on a enlevé successivement pour une somme de 40,000 fr. de bois. C'est donc 40,000 fr. en 26 ans, ou bien 1,538 fr. par an; soit 384 fr. par hectare annuellement, ce qui peut durer indéfiniment.

Quel enseignement pour les grands propriétaires!

Une observation non moins remarquable nous a été faite par M. Hurel, en nous signalant une clairière garnie de longs sapins, mais à aiguilles vivaces et de belle venue. Il y a treize ans, de grands sapins recouvraient tous ceux-là et les avaient rendus rachitiques. Une fois les grands partis, ces pauvres sapins rabougris se sont ravivés lentement; puis, faisant un effort soudain comme s'ils eussent été jeunes, ils gagnent du chemin et semblent avoir oublié le mauvais temps passé.

C'est ce qui fait dire à M. Hurel que le sapin ne vieillit pas et que, s'il trouve l'air et la liberté, il sort de sa léthargie et pousse comme si rien ne l'eût arrêté dans sa course.

Les crevasses, plus ou moins nombreuses, qui fendent son écorce sont le signe de ce retour à la vie et donnent la mesure de son accroissement annuel.

Là, comme au bois d'Apres, se voit le soin qu'on a pris de planter et de varier les espèces, en laissant toujours pour fonds le sapin du pays.

Les bois du Bois-Heux contiennent 72 hectares et le sol est fort mauvais. Cependant la végétation masque partout cette imperfection naturelle et, grâce aux soins et au travail d'une vie entière, tout accuse une vigoureuse production.

En effet, rien de ce qui est sagement fait en vue du progrès ne peut rester stérile; c'est une loi consolante de la Providence. Aussi, après ces efforts appuyés sur le savoir et l'énergie de M. Hurel, les effets les plus inattendus se sont manifestés.

Nous arrivons au terme de cette visite. Permettez-nous, Messieurs, de mettre sous vos yeux les quantités incroyables de terrains stériles ou médiocres, changés ou améliorés

par M. Hurel-Masson; les chiffres seront plus éloquents
que toutes nos réflexions :

> 232 hectares de mauvais sol transformés en
> belles sapaies ;
> 130 hectares de médiocres terres arables amé-
> liorées ;
> 18 hectares de terres de labour, à peu près im-
> productives, converties en bons herbages ;
> 36 hectares de pâtures médiocres changés en
> prairies de bonne qualité.

Total 416 hectares améliorés, changées de nature, dont
200 hectares complètement reboisés.

Il ne nous reste plus rien à ajouter en présence de ce
résultat et, Messieurs, vous le faire connaître est pour
nous un devoir bien agréable à remplir. En vous signalant,
dans ses curieux détails, une amélioration si grande et si
durable, nous sommes heureux de vous faire constater
avec nous, combien M. Hurel-Masson a servi utilement
en cela sa famille, son honneur et son pays.

PRIX AUX DIVERSES RACES D'ANIMAUX DOMESTIQUES.

M. Prétavoine s'exprime ainsi, au nom du Jury des diverses races d'animaux domestiques :

MESSIEURS,

Avant de vous rendre compte de ses travaux, le Jury chargé d'examiner les animaux des espèces bovine, ovine et porcine désire vous exprimer toute la satisfaction qu'il a éprouvée, en présence d'une exposition aussi remarquable par le nombre que par le mérite des animaux. L'emplacement du concours était heureusement choisi, les aménagements satisfaisants ; enfin l'ordre le plus parfait a régné partout, grâce au concours des agents de l'Autorité et aux excellentes mesures prises par les ordonnateurs.

Le Jury, en signalant ces résultats pleinement satisfaisants, serait heureux que l'Association normande voulût bien récompenser par une distinction spéciale l'honorable M. Cécire qui, plus particulièrement chargé de cette partie de l'exposition, a puissamment contribué à son succès aussi bien par les beaux animaux qu'il a exposés dans toutes les catégories que par les soins qu'il a donnés à l'organisation du concours agricole. Le Jury vous propose, en conséquence, de décerner à M. Cécire une médaille de vermeil.

Nous allons maintenant appeler, par ordre de mérite, les animaux désignés pour les prix.

ESPÈCE BOVINE.

1re. CLASSE. — Taureaux d'un à 3 ans, nés et élevés dans l'un des cinq départements de la Normandie et provenant de race pure normande.

1er. *Prix*, 300 *fr.*, au n°. 3, appartenant à M. Sonnet, de Mesnil-Durand (Calvados).

2°. *Prix*, 200 *fr.*, au n°. 9, appartenant à M. Valombras, du Mesle-sur-Sarthe (Orne).

3°. *Prix*, 150 *fr.*, au n°. 12, appartenant à M. Bourdon (Isidore), de St.-Aubin-d'Appenay (Orne).

4°. *Prix*, 100 *fr.*, au n°. 6 , appartenant à M. Delasalle, d'Avenay (Calvados).

Mention honorable, au n°. 7, appartenant à M. Vallée.

2°. CLASSE. — Taureaux de toutes races

1er. *Prix*, 200 *fr.*, au n°. 10, appartenant à M. Aubry, de Macé (Orne).

2°. *Prix*, 150 *fr.*, au n°. 11, appartenant à M. Bourdon (Isidore), précité.

3°. *Prix*, 100 *fr.*, au n°. 4 , appartenant à M. de Montagu.

3°. CLASSE. — Vaches laitières de tout âge, provenant de race *normande pure*.

Dans le choix qu'il a fait, le Jury s'est particulièrement attaché aux aptitudes laitières et il a dû, à son grand regret, écarter ou placer dans un rang inférieur des bêtes fort belles, mais qui lui ont paru trop grasses, ou dont l'énorme structure ne lui a pas semblé convenablement appropriée aux ressources comme aux besoins du pays.

1er. *Prix*, 200 *fr.*, au n°. 11, appartenant à M. Delasalle, d'Avenay (Calvados).

2°. *Prix*, 150 *fr.*, au n°. 3, appartenant à M. Cécire, de L'Aigle.

3°. *Prix*, 100 *fr.*, au n°. 23, appartenant à M. Perdriel, d'Ecouis (Eure).

4°. CLASSE. — Vaches laitières de tout âge et de *toutes races*.

1er. *Prix*, 150 *fr.*, au n°. 26, appartenant à M. Leroy du Chaply, près L'Aigle.

2°. *Prix*, 100 *fr.*, au n°. 20, appartenant à M. Thirard, de Beaufay (Orne).

3°. *Prix*, 80 *fr.*, au n°. 25, appartenant à M. Roger, de Planches (Orne).

1°. *Mention honorable* au n°. 19, appartenant à M. Thirard, précité.

2°. *Mention honorable* au n°. 9, appartenant à M. Girard, de L'Aigle.

Observation. — Le Jury, tout en admettant conformément au programme les vaches de toutes races dans la quatrième classe, n'a pas cru devoir accorder plus qu'une mention honorable à la vache bretonne n°. 9, quoiqu'il ait été frappé de la beauté de sa conformation. La race bretonne qui, dans son pays, rend d'incontestables services, ne doit pas être encouragée en Normandie, où la nature des fourrages et la richesse du sol permettent d'élever et d'entretenir des espèces plus productives, aussi bien sous le rapport du lait que sous celui de la viande.

Cette observation est la contre-partie de celle que nous avons dû faire au sujet des vaches de très-grande taille, qui trouvent difficilement ailleurs que dans certains cantons d'une fertilité exceptionnelle une alimentation suffisante pour les exigences de leur nature. Il faut ne demander au sol que ce qu'il peut donner, mais lui demander tout ce qu'il peut donner ; et le Jury considère que les animaux de taille moyenne sont ceux qui doivent le mieux répondre aux soins des éleveurs, dans la majeure partie de la Normandie.

5°. CLASSE. — Génisses d'un à 2 ans, de toutes races.

Le concours, dans cette classe, était aussi remarquable par le nombre que par la beauté des animaux. Le Jury, sûr d'avance de voir sa décision ratifiée par M. le Directeur, a décerné un nombre de prix supérieur à celui qu'indiquait le programme.

1er. *Prix*, 150 *fr.*, pour la génisse n°. 10, appartenant à M. Leriche, d'Exmes.

2e. *Prix*, 100 *fr.*, au n°. 8, appartenant à M. de Courval, de Rugles.

3e. *Prix*, 80 *fr.*, au n°. 6, appartenant à M. Delasalle, d'Avenay.

4e. *Prix*, 60 *fr.*, au n°. 16, appartenant à M. Masurage, de Rugles.

5e. *Prix*, 50 *fr.*, au n°. 19, appartenant à M. Leroy, de Chaply.

ESPÈCE OVINE.

1re. CLASSE. — Béliers âgés de moins d'un an, de toutes races.

Le Jury n'a pas été moins satisfait de l'exposition des béliers que de celle des génisses. L'espèce mérinos dominait parmi les béliers. Tout en reconnaissant le mérite très-réel des animaux de cette race qui figuraient à L'Aigle, le Jury estime qu'en raison de l'humidité du sol et des circonstances du climat, les espèces plus rustiques comme le Southdown et la Charmoise doivent être, malgré l'infériorité de leur laine, plus particulièrement encouragées dans ce pays. Il vous propose, dans l'ordre suivant, six prix au lieu de trois annoncés au programme :

1er. *Prix*, 100 *fr.*, au bélier Southdown n°. 7, appartenant à M. Forcinal (Philibert), du Mesle-sur-Sarthe.

2e. *Prix*, 90 *fr.*, au bélier mérinos n°. 14, appartenant à M. Leroy, du Chaply.

3°. *Prix*, 80 *fr.*, au bélier mérinos n°. 1, appartenant à M. Cécire, de L'Aigle.

4°. *Prix*, 60 *fr.*, au bélier mérinos n°. 8, appartenant à M. Nicourt, de St.-Sulpice (Orne).

5°. *Prix*, 50 *fr.*, au bélier mérinos n°. 12, appartenant à M. Lancesseur, de Bois-Normand.

6°. *Prix*, 40 *fr.*, au bélier Charmoise n°. 20, appartenant à M. Vivien, de L'Aigle.

2°. CLASSE. — Lots de brebis.

Moins belle que l'exposition des béliers, celle des brebis a cependant paru au Jury mériter trois prix, dans l'ordre suivant :

1er. *Prix*, 100 *fr.*, au lot de brebis mérinos n°. 16, appartenant à M. Leroy, précité.

2°. *Prix*, 60 *fr.*, au lot de brebis mérinos n°. 1er., appartenant à M. Cécire, précité.

3°. *Prix*, 50 *fr.*, au lot de brebis Charmoise n°. 20, appartenant à M. Vivien, déjà nommé.

ESPÈCE PORCINE

Verrats de toutes races.

Dans cette catégorie, le Jury n'a pas cru pouvoir accorder de premier prix. Deux animaux seulement sont dignes de vous être signalés. L'un est un verrat normand dont les formes, assez belles, ne suffisent pas pour racheter les défauts de la famille à laquelle il appartient. L'autre est un verrat anglais fin et distingué, mais péchant par l'obésité, inconvénient grave au point de vue de la reproduction, et trop fréquent chez la race précieuse dont il est à L'Aigle le seul représentant. Sous la réserve de ces observations, le Jury décerne (*ex-æquo*) :

Un prix de 60 *fr.* au verrat normand n°. 9, appartenant à M. Filleul, de La Chapelle.

Un prix de 60 *fr.* au verrat anglais n°. 7, appartenant à M. Ecallard, de St.-Léger.

Le prix décerné au verrat n°. 7 sera augmenté de la somme de 20 fr., parce que le verrat est accompagné de sa femelle portant le n°. 8.

INSTRUMENTS.

La parole est ensuite accordée à M. Desvaux, qui s'exprime ainsi, au nom du Jury des instruments :

MESSIEURS,

Les machines agricoles exposées n'étaient pas très-nombreuses, mais en général elles étaient bonnes et nous ont présenté un grand intérêt. Plusieurs constructeurs, tels que MM. Ganneron et Guerrée, avaient amené des collections entières très-propres à faire comprendre aux visiteurs l'utilité, je dirai même la nécessité de la mécanique transportée à la ferme.

Je ne citerai que les instruments nouveaux parmi la collection présentée par M. Ganneron, de Paris :

1°. Une teilleuse de chanvre à ailettes qui n'a pas été essayée ;

2°. Le coupe-racines circulaire horizontal de M. Joly, qui nous a paru faire un bon travail ;

3°. Enfin, une herse d'un nouveau genre : elle est formée par une série de chaînes à mailles carrées, de 10 centimètres environ de côté, qui se lient ensemble de manière que l'une est horizontale lorsque l'autre est verticale. Cette herse, par sa flexibilité, s'adapte facilement aux irrégularités du terrain, elle casse bien les mottes et présente surtout un grand avantage sur les herses à dents de fer, lorsqu'il s'agit d'enterrer légèrement des semences. Son poids est de 200 kilog.; elle coûte 1 franc le kilog.

M. Guerrée, de L'Aigle, présentait un égrugeoir à pommes et poires, de 100 fr.; un pressoir complet à cidre, de 300 fr.; une charrue-buttoir à vis de rappel pour ouvrir plus ou moins la raie, coûtant 45 fr.; il est à craindre qu'elle ne renverse pas assez la terre;

Un hache-paille avec vis de compression : à 2 lames, 150 fr.; à 3 lames, 220 fr. avec la poulie;

Quatre coupe-racines à lames de rabot, divisant les racines et ne les coupant pas en rubans;

Une machine à battre mobile, montée sur quatre roues et prenant la paille en travers; elle vanne le grain; le cylindre batteur est fixe. C'est ici le contrebatteur qui est mobile; la machine coûte 1,800 fr. : on peut la faire marcher au moyen d'une petite locomotive à vapeur, construite par le même mécanicien. — Elle a battu, devant la Commission, 115 gerbes de 10 kilog. environ à l'heure; et si l'on tient compte des temps d'arrêt qui surviennent dans un travail continu, elle bat encore 96 gerbes à l'heure. Le constructeur avait déclaré qu'elle pouvait battre 1,000 gerbes en 10 heures de travail, ce qui est sensiblement exact.

M. Duval, entrepreneur de battage, a exposé une machine à battre de Cumming, d'Orléans : elle est locomobile et prend la paille en travers. M. Duval l'a achetée en 1859, 2,500 fr., y compris un manége à trois chevaux; la machine seule serait de 1,600 fr. — Il bat ordinairement 900 à 1,000 gerbes en 10 heures et prend 20 fr.

par jour, ou 30 fr. par 1,000 gerbes en fournissant deux hommes. Le fermier vient chercher et reconduit la machine, fournit les chevaux, quatre hommes et nourrit les deux ouvriers de M. Duval.

On a adapté à cette machine un trieur pour les semences.

Le contrebatteur, au lieu d'être à feuilles de fougère, est à olives rondes, ce qui concasse bien moins le grain.

Cette machine avait battu, en 1860-61, 160,000 gerbes et 200,000 gerbes en 10 mois pendant la campagne 1859-60. Devant la Commission, elle a battu 6 gerbes 1/2 en 5 minutes, ce qui représenterait 780 gerbes en 10 heures.

M. Guimond a exposé une petite machine à battre à deux chevaux, de 600 fr., prenant la paille en bout et ne nettoyant pas le grain. Le manége transmet le mouvement à la machine par un arbre à genou placé sur le sol.

Elle bat le trèfle et autres légumineuses : son batteur est en tôle ; son contrebatteur est formé par de gros fils de fer perpendiculaires au batteur ; ils sont maintenus par trois barres horizontales.

Lorsqu'on ne veut battre que l'épi, afin de présenter au mouton une paille non brisée et conservant toutes ses feuilles, on baisse l'un des côtés de la machine, et l'engreneur ne fait passer que la tête de la gerbe, tout en conservant l'autre extrémité entre ses mains.

Cette machine ne laisse pas de grain dans l'épi, mais elle brise beaucoup trop la paille, probablement par suite de la disposition de la grille ; elle ronfle bien, ne fatigue pas les chevaux et nous a présenté un rendement de 100 gerbes à l'heure.

M. Lambert a exposé une petite machine à battre, de 500 fr., y compris le manége à un cheval ; elle est fixe et peut battre toute espèce de grains. La transmission du mouvement a lieu par un arbre droit tournant à terre. Son rendement est de 40 à 50 gerbes à l'heure. Elle prend la paille en bout et la brise moins que la précédente.

M. le docteur Mazier, de L'Aigle, avait exposé sa faucheuse, sa moissonneuse et un râteau à cheval. Je ne décrirai pas les deux premiers instruments, qui sont bien connus.

La faucheuse a très-bien coupé une seconde coupe de trèfle, à raison de un hectare en deux heures et demie.

La moissonneuse a très-bien fonctionné dans un seigle renversé et rempli de mauvaises herbes. La surface coupée n'a pas été mesurée.

Il est à souhaiter que ces instruments, déjà très-appréciés des cultivateurs, se répandent de plus en plus dans nos campagnes.

Le râteau à cheval est construit de telle manière que le poids du tiers de la dent s'équilibre avec celui des deux autres tiers, ce qui a permis de donner une force considérable aux dents; de plus, il est placé sur un châssis mobile.

M. Henry Fouet avait exposé un tarare de 70 fr., sous le n°. 49;

M. Peltier, à Granvilliers, un tarare de 70 fr., sous le n°. 48, puis un autre tarare de 120 fr., sous le n°. 47.

Ce dernier est muni d'une table devant servir de trieur pour séparer les différentes graines rondes et longues, ou pour faire des blés de différentes qualités. Dans la trémie qui reçoit le grain, M. Peltier a placé un appareil destiné à le pousser vers l'orifice par où il tombe sur les grilles. L'idée peut ne pas être mauvaise; mais, dans l'état actuel, l'appareil fait jaillir le grain en dehors: il a besoin d'être perfectionné.

M. François Pau a exposé une charrue à roues de fonte qui jette bien la terre.

M. Mercier a exposé une charrue qui, une fois réglée, peut marcher seule sans que le conducteur ait, pour ainsi dire , besoin d'y mettre la main. Cette charrue ne fait peut-être pas un bien beau travail , mais , en revanche , au lieu de lisser la terre , elle brise les mottes de manière à laisser pénétrer l'air dans le sol. On peut reprocher à M. Mercier un mécanisme trop compliqué pour régler sa charrue.

M. Piedfer, propriétaire à Conches, a exposé une charrue vendue à M. Cécire, de L'Aigle. Elle retourne bien la terre, fait un bon travail, se règle facilement et n'exige pas trop de force de traction.

Nous ferons observer , néanmoins , que toutes ces charrues ne peuvent marcher qu'avec des avant-trains qui ont l'inconvénient de dépenser une partie de la force vive en pure perte.

M. Piednu , de Dieppe , a exposé un semoir à 7 tubes (semoir Smith).

M. Hébert a exposé une baratte pouvant faire 60 livres de beurre en 18 ou 26 minutes; elle coûte 80 fr.

M. Marc, de St.-Lambert, a exposé une voiture dont le moyeu présente une disposition très-ingénieuse pour graisser les roues: c'est un petit appareil dans lequel on comprime assez de graisse pour que la voiture marche 18 à 20 jours, à raison de 15 lieues par jour. L'appareil coûte 6 fr. pour les deux roues. Par ce procédé, la graisse ne se répand pas au dehors et la poussière n'entre pas dans la roue. Ce système est employé, depuis plusieurs années, par M. Marc sur des voitures de messageries dont il est l'entrepreneur.

M. Pestel a présenté des tuyaux, des auges et autres objets de poterie provenant de son usine près Honfleur.

M. Roque-Petit-Bouvier et Ce. présente des tuyaux de terre, vernissés à l'intérieur, servant pour les conduites d'eau. Il présente également une machine, de son invention, pour essayer la résistance des tuyaux.

M. Lesieur nous a montré une vis de pressoir tournée et très-bien faite.

Enfin, nous avons remarqué l'exposition de M. Leroy, qui avait apporté une ruche normande en paille, une ruche d'amateur, de l'eau-de-vie de cire, de la cire vierge et de la cire jaune.

On a proclamé les lauréats dans l'ordre suivant :

Médaille d'argent, grand module. M. Ganneron, pour l'ensemble de son exposition.

Médaille d'argent, grand module. M. Guerrée, mécanicien, à L'Aigle, pour l'ensemble de son exposition.

Rappel de médaille d'argent. M. Lambert, pour sa machine à battre.

Médaille de bronze, grand module. M. Roch-Petit, pour sa fabrication de tuyaux et son instrument pour éprouver la solidité des conduits d'eau.

Médaille de bronze. M. Sellier, à Grainvilliers, pour son tarare trieur.

Médaille de bronze, grand module. M. Guimond, mécanicien, à Feings, près Mortagne, pour sa machine à battre.

Médaille d'argent, petit module. M. Marc Saint-Lambert, pour son graissage de moyeux.

18

Médaille de bronze, grand module. M. Piednu, pour un semoir importé.

Médaille d'argent, petit module. M. Mazier, pour son râteau à cheval.

Rappel de médaille d'argent. M. Hébert, pour sa baratte.

Médaille d'argent, grand module. M. Duval, de Danville (Eure), pour l'importation de sa machine Comming, qu'il emploie comme entrepreneur de battage.

Médaille d'argent, petit module, M. Piedfer, pour sa charrue.

Rappel de médaille. M. Mazier, pour toutes ses machines.

Médaille de bronze, grand module. M. Ganneron, pour e coupe-racines circulaire de M. Joly.

Médaille d'argent, petit module. M. Ganneron, pour sa herse à mailles carrées.

Médaille de bronze. M. Leroy, pour son exposition de cire jaune et sa ruche normande.

Rappel de médaille d'argent. M. Pestel, pour la confection de ses tuyaux.

Médaille de vermeil. M. Mazier, pour l'établissement et l'organisation intelligente de son atelier de construction.

PRODUITS AGRICOLES.

M. le comte d'Estaintot, au nom du Jury des produits agricoles, s'exprime ainsi :

Nous avons à vous rendre compte de l'exposition des produits agricoles :

M. Alexandre Mathieu avait un ensemble d'exposition

remarquable : plusieurs grappes de raisin chasselas et Frontignan ont fixé notre attention ; les beaux légumes qui, outre les fruits de primeur, complétaient l'exhibition de ses produits, nous ont paru mériter à ce jardinier capable une récompense qui l'encourageât dans la bonne direction qu'il donne au jardin du domaine de Tubœuf.

Nous décernons à M. Mathieu une médaille de bronze, grand module.

Nous décernons également une médaille de bronze, petit module, à M. Delaunay, de Lisieux, que déjà l'Association a eu l'occasion de récompenser pour sa fabrication de présure, avantageusement connue.

M. Masurage, cultivateur, a exposé trois toisons de brebis métis-mérinos, et un beau lot de 25 plantes fourragères qu'il cultive dans sa ferme, auquel il a joint six espèces de plantes légumineuses. La Commission, pour le récompenser de ses efforts et du soin qu'il met à répandre la culture des fourrages variés destinés à la nourriture des animaux, lui accorde une médaille de bronze, grand module.

L'Association normande, connaissant les engrais de la fabrique de M. Collin, ne peut qu'encourager ces sortes de produits, qui suppléent, dans nos exploitations, à l'insuffisance des fumiers ; elle lui accorde également une médaille de bronze, grand module.

Nous avons maintenant à vous dire quelques mots des produits de l'industrie fromagère de M. Alexis Fromage, fondée, il y a un demi-siècle, au centre du Perche, à St.-Cyr-la-Rosière. Il ne s'agit plus ici d'une exploitation dont les produits se sont localisés, c'est à l'exportation qu'elle demande des débouchés, et l'on peut dire qu'elle a trouvé chez l'étranger de nombreux consommateurs.

La force des choses, la bonne confection ont amené le placement recherché des fromages qui ont été soumis à notre examen, et ici nous pouvons faire l'heureuse application de ce proverbe : *Bonne renommée vaut mieux que ceinture dorée.*

St.-Cyr a vu ses produits figurer constamment sur la table des dynasties qui ont régné sur notre belle France.

Il est bon de remarquer que l'intelligence et la loyauté de la maison Fromage paraissent s'être transmises par succession.

La maison, dont nous ne pouvons ici que donner un rapide aperçu, produit, par an, 30,000 fromages. Pour démontrer que cette branche de l'industrie agricole porte en elle des éléments de prospérité pour un pays qui en comprendrait l'importance, il suffit de dire ce que M. Fromage nous a affirmé, c'est que chaque vache de petit bordager, qui lui fournit son lait, lui rapporte assurément 200 francs annuellement.

Mais il faut pour cela la propreté la plus attentive, et elle est tellement indispensable, que c'est le plus grand obstacle à l'extension de l'industrie du fromage au moyen de personnes salariées.

Ce serait donc, pour les familles de nos fermiers, un lucratif emploi en même temps qu'un attrait qui pourraient fixer ce déclassement des femmes qui, malheureusement, se remarque lorsqu'une éducation et une instruction sérieuses ne sont pas données aux jeunes filles qui vont, dans nos pensionnats, oublier l'origine de la fortune de leurs parents.

Que la famille de M. Fromage nous serve d'exemple et trouve des imitateurs.

La Commission demande pour M. Alexis Fromage une médaille d'argent, petit module.

On proclame les lauréats dans l'ordre suivant :

Médaille de bronze, grand module. M. Alexandre Mathieu, jardinier au domaine de Tubœuf, pour l'ensemble de son exposition horticole.

Médaille de bronze, petit module. M. Delaunay, de Lisieux, pour présure et fromages.

Médaille de bronze, grand module. M. Collin, fabricant d'engrais, près Séez.

Médaille de bronze, grand module. M. Masurage, pour produits agricoles.

Médaille de bronze, petit module. M. Déplanque, pour sa vannerie agricole.

Médaille d'argent, petit module. M. Alexis Fromage, pour la bonne qualité de ses fromages.

ENSEIGNEMENT AGRICOLE.

M. Gustave Massiot présente ensuite le rapport suivant sur l'enseignement agricole :

MESSIEURS,

Nous n'avons pas ici à tracer le programme de l'enseignement public, soit primaire, soit secondaire ; notre mission est plus restreinte.

Il ne nous appartient que de vous faire connaître le résultat partiel, produit par la distribution de quelques livres élémentaires d'agriculture, dans une vingtaine d'écoles communales de ce vaste et bel arrondissement si éminemment agricole.

L'Association normande, pleine de sollicitude pour les intérêts matériels et pour les intérêts moraux de notre pays, fait depuis long-temps des vœux en faveur de l'enseignement agricole dans les écoles primaires.

Le législateur a tracé, dans la loi du 27 mars 1850, le programme de l'enseignement primaire; vous savez qu'il a fait deux catégories de matières d'enseignement: la première renferme les matières obligatoires; la seconde indique les matières facultatives.

Il a compris, dans la seconde catégorie, les « *instructions élémentaires sur l'agriculture.* »

Cette disposition permet donc de faire entrer, dans le programme de l'enseignement des écoles rurales, les *éléments d'agriculture.*

L'Association normande, voulant profiter de cette faculté de la loi, dans l'intérêt du progrès agricole, a envoyé à plusieurs instituteurs de l'arrondissement de Mortagne quelques exemplaires d'ouvrages élémentaires d'agriculture, notamment celui de M. J. Bodin.

Presque tous les instituteurs qui ont reçu les exemplaires les ont accueillis avec empressement et ont répondu, malgré le peu de temps qui leur était accordé, à l'attente de l'Association.

Ces livres ont servi de texte à des récitations, à des dictées et à des explications orales. Plusieurs instituteurs ont préféré confier à la mémoire de leurs élèves, après toutefois leur avoir donné des explications préalables, le texte même du livre; d'autres ont pensé que des dictées feraient une impression plus durable par l'attention indispensable exigée par l'écriture; d'autres encore ont cherché, au contraire, à faire comprendre les choses et les faits sans demander une récitation textuelle; d'autres enfin ont combiné tous ces genres d'étude.

Cette variété de méthodes prouve que tous ont rivalisé de zèle et ont cherché les divers moyens, selon leur préférence, pour arriver au succès.

Voici les noms des instituteurs que nous sommes heureux de faire connaître à l'Association normande.

Médailles d'argent.

ÉCOLE COMMUNALE ET PENSIONNAT DE REGMALARD.

M. Louvel dirige, depuis 1843, l'école communale de Regmalard et un pensionnat qu'il y a annexé.

Cet établissement, l'un des plus justement estimés du département, est fréquenté par 145 élèves, dont 42 pensionnaires.

Tous ces jeunes gens, sauf quelques exceptions, se destinent à l'agriculture.

M. Louvel, professeur intelligent et animé du désir de faire le bien, a senti qu'il devait approprier son enseignement aux besoins de ses élèves.

Il a commencé par ajouter aux matières obligatoires du programme des notions de botanique, rendant ainsi, pour la première division de ses élèves, les promenades plus fructueuses et plus agréables.

En 1852, il fit acquisition d'un terrain de 27 ares, à la proximité de l'école, couvert aujourd'hui d'une culture maraîchère progressive, et enrichi de belles plantations d'arbres fruitiers admirablement soignés et dirigés. Ce terrain lui sert de jardin d'expérience.

M. Louvel ne s'est pas borné à cultiver les plantes de la contrée, il a introduit dans son jardin la culture de plusieurs nouvelles plantes alimentaires, notamment l'igname de la Chine, plante pouvant être appelée, dans certaines éventualités, à remplacer la pomme de terre. Sa méthode de culture de l'igname et ses produits ont été partout l'objet de rapports très-favorables et lui ont valu les récompenses suivantes : en 1858, mention honorable au Concours régional d'Alençon ; 1859, médaille de bronze au concours de St.-Lo ; même année, médaille d'argent de la Société d'horticulture du Mans ; 1860, médaille d'argent de la Société d'horticulture de l'Orne, à Alençon ; 1861, médaille de bronze de la Société d'Eure-et-Loir, à Chartres ; même année, médaille d'argent de la Société centrale d'horticulture de Paris.

Il comprit l'avantage d'enseigner l'horticulture à ses élèves et de leur en faciliter la pratique. Deux fois, par semaine, des leçons théoriques ont été données dans l'école. L'ouvrage adopté est le cours élémentaire de M. Boncenne. Des explications, des développements mettent les leçons à la portée des plus jeunes enfants et les leur rendent profitables.

Passant de la théorie à la pratique qui doit toujours en être le contrôle et la réalisation, M. Louvel conduit pendant une heure, selon les saisons, ses élèves dans son beau et fertile jardin, à tour de rôle, une dizaine seulement à la fois, pour que les démonstrations sur place soient suivies avec profit par ce petit groupe d'horticulteurs.

C'est sous les yeux de ce jeune groupe que le professeur procède à la taille rationnelle des arbres fruitiers et à la culture des légumes, dont les variétés sont très-nombreuses dans ce vaste jardin ; c'est avec la participation de ces jeunes collaborateurs qu'il exécute certains petits travaux de culture horticole, ayant soin de ne jamais exposer ses élèves à une fatigue au-dessus de leur âge.

Ce travail manuel, loin de nuire, est destiné à produire

d'excellents effets, tant sous le rapport hygiénique que sous le rapport moral.

Le travail du jardinage est devenu très-attrayant pour les élèves. La privation de l'entrée du jardin est une des punitions les plus redoutées de l'école, tant il est vrai que, par une loi admirable de la Providence, le travail est un des éléments de notre bien-être et de nos joies!

M. Louvel a aussi introduit, depuis quelques années, dans son programme l'enseignement de l'agriculture élémentaire.

Le catéchisme agricole de M. Michel Greff sert de texte aux leçons qui sont faites deux fois par semaine. 52 élèves ont dans les mains ce livre qui est à leur portée. L'émulation est entretenue par des questions adressées aux élèves, à la suite des lectures. L'ouvrage plus détaillé de M. J. Bodin, remis à M. Louvel par l'Association normande, a servi à faire des dictées par extraits et des lectures toujours bien goûtées par les écoliers.

La pratique, quant à l'agriculture, on le conçoit, s'est réduite à des observations que les promenades ont donné l'occasion de faire aux élèves.

Des notions élémentaires de chimie et de botanique, données aux écoliers les plus avancés, avaient préparé leurs bonnes dispositions pour les leçons d'horticulture et d'agriculture.

M. Louvel a fait un excellent usage de l'ouvrage de M. J. Bodin. Les réponses de ses élèves ont prouvé qu'il avait apporté beaucoup de soin dans l'enseignement agricole.

L'Association normande lui a décerné une médaille d'argent pour l'enseignement agricole donné avec intelligence et dévouement, depuis plusieurs années, dans l'école communale de Regmalard.

ÉCOLE COMMUNALE DE SAINT-SULPICE-SUR-RILLE.

L'école communale de Saint-Sulpice-sur-Rille, près L'Aigle, a fourni quinze élèves qui ont répondu parfaitement aux questions puisées dans les deux tiers de l'ouvrage de M. Barrau.

M. Boniteau dirige cette école depuis environ trente ans. Il a donné un grand soin aux leçons d'agriculture, en commentant et en expliquant, selon les besoins de ses élèves, le texte de l'ouvrage mis dans leurs mains.

Vous avez remarqué et admiré, à l'Exposition de la ville de L'Aigle, brillant et riche écrin de l'industrie de cette laborieuse et intelligente contrée, les dessins faits par les élèves de M. Boniteau; vous avez applaudi, comme nous, au choix du sujet de l'un de ces dessins qui réprésente le tableau synoptique de la machinerie agricole. Ces dessins ont une grande perfection et indiquent l'habileté de la main des jeunes artistes. L'écriture mise sur ces dessins est un modèle de calligraphie.

On doit des éloges à des travaux si bien exécutés, sous tous les rapports.

L'art du dessin contribue ainsi à répandre le goût de l'agriculture, à faire connaître et à propager les meilleurs modèles de nos machines si utiles au progrès de l'agriculture et de l'industrie.

L'Association normande a aussi accordé une médaille d'argent à M. Boniteau, pour le dévouement dont il a fait preuve dans l'enseignement agricole.

ÉCOLE COMMUNALE DE L'AIGLE.

M. Monthéan, ancien instituteur à Mortagne, a été appelé à diriger l'école communale de L'Aigle, au mois de septembre 1859.

Les mérites de cet instituteur sont connus de tous. Une médaille lui a été récemment décernée, par M. le Ministre de l'Instruction publique, pour le récompenser de son dévouement dans la tenue et les progrès de son école qui ne comptait, à son entrée en fonctions, que 25 élèves et qui aujourd'hui est fréquentée par 112.

Le temps dont M. Monthéan a pu disposer pour les leçons élémentaires d'agriculture a été très-court, et cependant il a pu faire apprendre à une douzaine de ses élèves le catéchisme agricole de M. Michel Greff, en entier. Son zèle a suppléé au temps qui lui manquait.

Ses élèves ont aussi exécuté un tableau d'instruments agricoles et divers dessins d'archéologie.

L'Association est heureuse de donner une médaille d'argent à M. Monthéan, pour le récompenser de son zèle.

Médailles de bronze.

ÉCOLE DE LA CHAPELLE-MONTLIGEON.

L'école de la Chapelle-Montligeon est confiée depuis deux ans à M. Bétourné, ancien instituteur de St.-Martin-d'Aspres et de la Cochère. Il avait commencé l'enseignement agricole dans l'école de St.-Martin-d'Aspres, avec le catéchisme de M. Michel Greff.

Le livre de M. J. Bodin, qui lui a été adressé par l'Association, lui a servi à donner des leçons plus suivies.

Depuis l'envoi de ce livre, tous les élèves de l'école ont reçu une leçon d'agriculture tous les jours, et les élèves les plus avancés des leçons particulières deux fois par jour; l'école entière a profité de la lecture de ce livre et des explications dont il a été l'objet. Les réponses des élèves aux interrogations qui leur ont été faites ont prouvé que l'enseignement agricole avait déjà porté des fruits.

L'Association décerne une médaille de bronze à M. Bétourné, pour l'enseignement agricole dans l'école communale de la Chapelle-Montligeon.

ÉCOLE DE ST.-AUBIN-DE-COURTERAIE.

L'enseignement agricole a été inauguré dans l'école de St.-Aubin-de-Courteraie. Les élèves ont appris avec empressement, tous les jours, des leçons prises dans l'ouvrage de M. J. Bodin et celui de M. Michel Greff.

M. Guimard, instituteur de cette commune, a montré un zèle louable. La première division de l'école a répondu d'une manière satisfaisante aux questions qui lui ont été adressées. Les élèves plus jeunes des autres divisions et même les jeunes filles de l'école ont profité de la lecture du livre d'agriculture, de la récitation des leçons et des explications dont elles étaient accompagnées.

Toute l'école, qui est très-nombreuse même pendant l'été, grâce au mérite de M. Guimard, a été attentive aux leçons, et la visite de l'école a démontré que cet enseignement plaisait à tous les enfants.

Une médaille de bronze est accordée par l'Association à M. Guimard, pour le récompenser des soins qu'il a eus dans le passé et pour l'encourager dans l'avenir.

Mentions honorables.

Nous citerons encore, comme méritant les sympathies de l'Association, M. Hommey, instituteur à Moulins-la-Marche, qui a fait des dictées très-bien choisies à ses élèves, en les empruntant aux diverses saisons, et qui a placé dans son école un tableau des instruments agricoles; M. David, instituteur à Villiers, qui a fait copier à ses élèves des modèles de comptabilité agricole;

M. Bourgoin, instituteur à Verrières, qui a commencé l'année dernière l'enseignement élémentaire de l'agriculture; M. Groult, instituteur à St.-Ceronne; M. Tramblay, instituteur à Préaux; M. Richard, instituteur à Chemilly; M. Giet, instituteur à St.-Germain-de-la-Coudre; M. Perdriel, instituteur à Boissy-Maugis; M. Lereytère, instituteur à Ceton. Des mentions honorables leur sont accordées par l'Association.

Pour nous résumer, Messieurs, et pour conclure, nous vous dirons que les visites faites, dans les écoles de l'arrondissement de Mortagne, par les représentants de l'Association normande ont démontré qu'il serait très-facile de répandre dans nos campagnes les notions élémentaires d'agriculture, et qu'en outre cet enseignement aurait un puissant attrait pour les enfants; que les interrogations ont prouvé que ce complément du programme des écoles primaires ne nuirait pas aux autres branches de l'enseignement; car ce sont les écoliers les plus avancés dans les autres matières qui reçoivent avec le plus de goût et d'intelligence les leçons d'agriculture;

Qu'il serait nécessaire de donner aux écoles d'une région culturale des livres élémentaires, appropriés aux besoins et au progrès de l'agriculture de la contrée;

Que cet enseignement de l'agriculture produirait de grands avantages;

Qu'au nombre des avantages il faut noter, au premier rang, que cet enseignement prouverait que l'agriculture est soumise, comme tous les autres travaux de l'homme, aux règles positives de la logique et de la science; que l'intelligence de l'homme peut se développer aussi bien dans cette branche d'industrie que dans les autres branches de l'activité humaine; et qu'un art aussi utile, aussi honorable que l'agriculture a enfin conquis sa place dans l'estime et la considération de notre société progressive !

Sur le rapport de M. de Caumont, l'Association informée du zèle et du talent avec lequel les Frères de l'École chrétienne ont enseigné le dessin linéaire, sachant d'ailleurs qu'ils se proposent de compléter leur enseignement au point de vue des besoins de la ville industrielle de L'Aigle, décerne une médaille d'argent à cette école.

Sur le rapport de MM. de Caumont et du Poërier de Portbail, l'Association accorde une médaille de bronze à M. l'Instituteur de St.-Germain-de-Vaux (Manche), pour l'enseignement agricole qu'il a donné depuis un an dans sa commune.

Une mention honorable est accordée, pour le même objet, à M. l'Instituteur de Damblainville (Calvados).

Les lauréats sont venus successivement recevoir leurs médailles, aux applaudissements de la nombreuse assistance (V. la page suivante).

M. le Préfet a levé la séance à 5 heures.

DISTRIBUTION DES RÉCOMPENSES AGRICOLES ET DE LIVRES D'ARCHÉOLOGIE, A L'AIGLE, LE 21 JUILLET 1861.

Caen, typ. de A. Hardel.

EXTRAIT
DU CATALOGUE DE LA LIBRAIRIE DE A. HARDEL,
IMPRIMEUR-LIBRAIRE, RUE FROIDE, 2,

A CAEN.

ABÉCÉDAIRE ou RUDIMENT D'ARCHÉOLOGIE (architecture religieuse), par M. DE CAUMONT. 1 vol. in-8°, orné de 600 vignettes. Pr. : 7 fr. 50.

ABÉCÉDAIRE ou RUDIMENT D'ARCHÉOLOGIE (architectures civile et militaire), par M. DE CAUMONT. 1 vol. in-8°, orné d'un grand nombre de vignettes. Prix : 7 fr. 50.

COURS D'ANTIQUITÉS MONUMENTALES, par le Même. 6 volumes in-8°, et atlas; chaque volume se vend séparement avec un atlas. Prix : 12 fr.

BULLETIN MONUMENTAL, ou collection de Mémoires et de renseignements pour servir à la confection d'une statistique des monuments de la France, classés chronologiquement, par M. DE CAUMONT, 1re série, 19 vol. in 8°.; 2e série, 19 vol. in-8°. ornés d'un grand nombre de planches. Prix de chacun : 42 fr. On fait une remise aux personnes qui prennent une série entière.

STATISTIQUE MONUMENTALE DU CALVADOS, par M. DE CAUMONT. In-8°, avec planches et un grand nombre de vignettes. Trois volumes ont paru. Prix de chacun: 10 fr.

FLORE DE LA NORMANDIE, par M. DE BRÉBISSON, membre de plusieurs Sociétés savantes. — PHANÉROGAMIE. 1 vol. in-12. Troisième édition. Prix: 6 fr.

GLOSSAIRE DU PATOIS NORMAND, par M. LOUIS DU BOIS; augmenté des deux tiers, et publié par M. JULIEN TRAVERS. 1 volume in-8°. Prix: 10 fr.

CAEN, PRÉCIS DE SON HISTOIRE, SES MONUMENTS, SON COMMERCE ET SES ENVIRONS; par M. G.-S. TRÉBUTIEN. 2e édition, revue et considérablement augmentée. Prix: 1 fr. 50 c.

GUIDE DES BAIGNEURS, à Trouville et aux environs. Prix : 1 fr. 50 c.

HISTOIRE DE L'ABBAYE DE SAINT-ÉTIENNE DE CAEN (1066-1790). 1 vol. in-4°, avec planches, par M. G. HIPPEAU, professeur à la Faculté des lettres de Caen. Prix : 15 fr.

ÉNUMÉRATION DES INSECTES COLÉOPTÈRES DU DÉPARTEMENT DE LA SEINE-INFÉRIEURE; par E. MOCQUERYS. Prix: 2 fr.

ÉLÉMENTS DE GÉOMÉTRIE APPLIQUÉE A LA TRANSFORMATION DU MOUVEMENT DANS LES MACHINES; par Ch. GIRAULT. 1 vol. in-8°. Prix : 5 fr.

HISTOIRE DES DUCS ET DU DUCHÉ DE NORMANDIE, par M..... Prix : 1 fr. 50 c.

INTRODUCTION A L'ÉTUDE DE LA CHIMIE, par M. PIERRE. 1 vol. in-8°. Prix : 1 fr. 50 c.